博碩文化

Excel 數字力

田中耕比古 著

長尾祐樹 譯
博碩文化

輕鬆提升你的業務力

Excel
數字力
輕鬆提升你的業務力

作　　者：田中 耕比古
譯　　者：長尾祐樹、博碩文化
責任編輯：魏聲圩

發 行 人：詹亢戎
董 事 長：蔡金崑
顧　　問：鍾英明
總 經 理：古成泉

出　　版：博碩文化股份有限公司
地　　址：221 新北市汐止區新台五路一段112號10樓A棟
　　　　　電話(02) 2696-2869 傳真(02) 2696-2867

郵撥帳號：17484299　戶名：博碩文化股份有限公司
博碩網站：http://www.drmaster.com.tw
讀者服務信箱：DrService@drmaster.com.tw
讀者服務專線：(02) 2696-2869 分機 216、238
（周一至周五 09:30 ～ 12:00；13:30 ～ 17:00）

版　　次：2017 年 1 月初版一刷

建議零售價：新台幣 380 元
Ｉ Ｓ Ｂ Ｎ：978-986-434-172-6
律師顧問：鳴權法律事務所 陳曉鳴律師

本書如有破損或裝訂錯誤，請寄回本公司更換

國家圖書館出版品預行編目資料

Excel 數字力 - 輕鬆提升你的業務力 / 田中
耕比古著. -- 初版. -- 新北市 : 博碩文化,
2016.12
面 ；　公分
譯自：数字力× EXCEL で最強のビジネス
マンになる本
ISBN 978-986-434-172-6(平裝)

1. 商業數學 2.EXCEL(電腦程式)

493.1　　　　　　　　　　105022906

Printed in Taiwan

博 碩 粉 絲 團

歡迎團體訂購，另有優惠，請洽服務專線
(02) 2696-2869 分機 216、238

商標聲明

本書中所引用之商標、產品名稱分屬各公司所有，本書引
用純屬介紹之用，並無任何侵害之意。

有限擔保責任聲明

雖然作者與出版社已全力編輯與製作本書，唯不擔保本書
及其所附媒體無任何瑕疵；亦不為使用本書而引起之衍生
利益損失或意外損毀之損失擔保責任。即使本公司先前已
被告知前述損毀之發生。本公司依本書所負之責任，僅限
於台端對本書所付之實際價款。

著作權聲明

数字力×EXCELで最強のビジネスマンになる本
(Suujiryoku kakeru EXCEL de Saikyou no Business-man ni
Naru Hon:4411-5)
Copyright©2016 by Tagahiko Tanaka.
Original Japanese edition published by SHOEISHA Co.,Ltd.
through JAPAN UNI AGENCY, INC.
Complex Chinese Character translation copyright©2017 by
DrMaster Press.

本書著作權為作者所有，並受國際著作權法保護，未經授權
任意拷貝、引用、翻印，均屬違法。

前言

　　認為自己「不擅長處理數字」的人，多到令人吃驚。特別是那些，擔任業務員並獲得傲人成果而晉升為管理職，或是新商品開發計劃的成績獲得認可而受重用，進而領導整個企劃團隊等等，不斷展現高度的「現場執行力」並持續交出漂亮成績單的人，突然間要擔任管理職的工作，就容易感覺自己「不擅長處理數字」。

　　這當中有許多人意識到自己孱弱的數字力，並且想要提高數字力的企圖心也很旺盛，可是卻「不知道該用什麼方法去加強」而感到困擾。因此本書首先就從該如何抹去「對數字感到棘手的念頭」開始解說。

　　本書前半部先闡明何謂「商務上的數字」。在面對「沒有數字力」、「對數字感到棘手」的問題之前，只要能夠先釐清「數字力究竟是什麼？」就能夠針對問題提出相應的對策。然後以此為基礎，體會到該數字要在什麼樣的場合下以什麼樣的方式使用，就是所謂「商務上的數字力」。

　　另一方面，後半部則是解說如何用 Excel 進行「數字的製作與運用」。不過本書的立場是「過於困難的部分一概不解說」、「複雜的技巧也不介紹」。總之先以簡易、單純、最低限度的知識，來製作活用於商務上的數字，是本書的主旨。

　　運用商務上的數字，絕對不是「『過度』使用 Excel」。重要的是使用數字並達到商務上的成果。

　　那麼，為了讓各位明白本書所扮演的角色，在此列舉「閱讀本書時的注意事項」。

本書不是 Excel 的專書

　　本書並非所謂「Excel 的專書」。純粹只想學習 Excel 技術的讀者，

請額外再購買一本 Excel 的專書。

筆者認為，「Excel 不過只是一種工具」，在思考「該如何使用 Excel ？」之前，更重要的是要認清「想用 Excel 做什麼？」。

在本書之中，會把重點放在解說它的「目的」與「目標」。

「擅長使用數字」的人不需要此書

認為「處理數字對我來說根本小事一樁」、「這是我最擅長的項目」的讀者，並不需要此書。但如果各位覺得很擅長的依據是「因為我在會計部所以每天都會接觸到數字」或是「我對統計分析的方法非常熟悉」等等，只限定在某個特定的領域時，還是請先大致將本書翻過一遍，再來判斷是否需要。

適合推薦給「討厭商業顧問」的人

雖然本書的執筆人是「商務策略顧問」，而社會上有許多人認為「商務顧問根本不值得採信」，但本書更是推薦給這樣的讀者。商務顧問每天都是以「數字」做為切入點來掌握事物並加以判斷。筆者認為商業顧問所使用的分析流程必定能對各位有所助益（如果能夠因此對商業顧問這項職業不那麼排斥的話就更好了）。

新手員工、社會新鮮人務必一讀

新手員工、社會新鮮人也請務必一讀。雖然本書的重點是放在解決管理層級的煩惱，但新手讀者以後也可能升到管理層級，如果能夠在初期就對「數字」有深度理解的話，對於建立未來的事業也非常有幫助。俗話說得好，打鐵要趁熱。

看完上述的注意事項之後，仍然覺得本書「有閱讀價值」的讀者們，請務必透過本書培養「活用於商務現場的數字力」，然後在每日的業務之中創造出輝煌的成果。

GiXo 股份有限公司

田中耕比古

CONTENTS

CONTENTS

03 基礎篇 整理外觀最低限度的方法

統一欄或列的寬度

活用工作區的按鈕

04 基礎篇 來使用函數吧！

把全部加總（SUM）

特定條件加總（SUMIF）

複數條件加總（SUMIFS）

關於案例分析的範例檔案

本書第 3 章以及第 5 章解說的「案例分析」當中，所使用的 Excel 檔可以在以下網址免費下載。

範例檔下載網址

 http://www.drmaster.com.tw/Bookinfo.asp?BookID=MI11606

學習和商務顧問一樣
思考「工作」和「數字」

為何在商務上,「數字」扮演這麼重要的角色?

處理數字的技能變強,會有什麼好處?

在介紹商務顧問實際使用的「應付數字的方法」之餘,

也會一併解答這些疑惑!

01 在商務上 「數字」很重要的理由

首先去除「不擅長數字」的想法

一開始先思考「為什麼對公司職員來說數字很重要？」的問題吧。答案非常簡單，**因為「數字」在商務上是密不可分的。**

這個意味著不擅長數字的人就如同不擅長商務。

雖然現在不乏「優秀的營業人員」、「優秀的企劃人員」、「優秀的行銷人員」在自己的領域上有非常佳的能力，但是只要一看到數字就投降的人並不在少數。

到底為什麼覺得自己「不擅長數字」的人有那麼多呢？

最大的原因就是認定自己「反正我就是不擅長數字」的關係。

沒錯，「不擅長數字」是「自己認為」的。

我將陸陸續續說明如何用更聰明的方法對付數字。**但是，請先從去除「自己不擅長數字」的想法開始。**

這就是克服討厭數字的第一步。

數字將商務變得「具象化」

覺得自己「沒有數字能力」或者「不擅長數字」的人，在這樣唉聲嘆氣之前請先思考「為什麼商務上數字很重要？」、「培養出數字能力的話，會有什麼好處？」，如此一來就會得到克服「討厭數字」的線索。

其實，「不擅長數字」本身是非常可惜的事。**如果能夠將你每天實際接觸到的「商務現況」用「數字」代換的話，就能一口氣打開你商務上的視野。**

「能夠將商務現況用『數字』代換」，這就是數字力變強後最大的好處之一。

　　如果用數字掌握商務的話，就算遠離現場也能夠容易了解現場的情況。比如說，現場的銷售人員或店長升級成「地區經理」時，就不容易對賣場或者店鋪的狀況有一個整體性的掌握。很多人就是因為這樣離開了第一線，久而久之對市場的敏感度漸漸薄弱，進而產生危機感。但是，若能把「數字」和「商務情況」結合起來，即使不親臨現場也容易掌握現場的狀況（圖 0-1）。

　　這種情況也可以說成「用數字將商務情況具象化」。利用數字清楚地表示商務的情形和狀況。換句話說，使用數字可以點明商務上的問題，並徹底查明原因，然後思考出相應的對策出來。當然，實施對策後也需要數字來確認結果。

　　因此，進行商務運作時「數字」是不可或缺的，而且掌握得愈好，就愈能夠享受多樣好處。

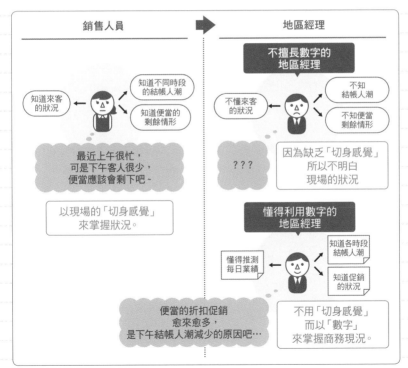

圖 0-1：**數字可以把商務「具象化」**

用數字可以解決
「商務上的問題」！

‖ 我們的工作充滿「數字」

雖然我說明了「數字與商務密不可分」，**其實我們平常就在數字的圍繞下工作。**

比如說營業人員的話，就必須掌握自己每天的銷售額。還有類似「針對本月的目標現在進展如何？」、「季度單位、半年單位、1 年單位的話，需要多少業績？」、「今後會有多少候補業務，可能會產生多少績效？」等等，也是一樣的。沒有人能夠忽略掉這些問題，必須根據確實的數字來思考「為了達成目標，今後要在什麼時限之前付出多少努力？達成多少業績？」。

此外，店鋪的銷售人員也會經常思考「這次要進貨多少？會賣出去多少？」，以及「剩下的商品要打幾折來清掉？」、「剩下的商品有多少需要報廢？」等問題，都不能置之不理而傷透腦筋吧！

當然不只是直接關於銷售額的數字而已，比如說製作「兼職員工的輪班表」也需要數字。

如果思考某個時段需要幾個人員的話，就需要掌握這時段「有多忙」，換句話說必須事先評估「會產生的工作內容和工作量」，所以計算時所引用的不一定是最終的「銷售額」。以餐廳的情況來說，就需要訂單數量和相應的準備時間，零售業的話，就會確認結帳的客人數和銷售數量。此外，廚房人員和大廳服務員的工作量，或者櫃台人員和商品陳列人員的工作量等中間指標也應該考慮進去。

如何？相信您現在已經知道，在平常工作時已有意無意和「數字」產生密切的關係。

所以只要有商務上的需要，就無法避開數字這一環。

因為我們必須要用數字將商業情況「具象化」，所以以數字為基礎來統整商務是非常重要的。

商務顧問重視「數字」的理由

「用數字掌握商機」的做法，是商務顧問工作技術當中的最基礎，這是一家公司要不要導入顧問諮詢的敲門磚。

「那是 fact 嗎？」是商務顧問愛用的話語之一。「fact」是英語「事實」的意思。

這句話的言下之意在說「這件事『真的』是事實？還是你『自以為』是事實？」。

如果以數字的角度來說，那就是**「你的言論有足以佐證為『正確』的『數字』嗎？」**。

商務顧問是經常依據數字來思考的人種，不管在任何情況下都會自問「那是可以用數字來證明的事實嗎？」。

那麼，為什麼商務顧問都那麼拘泥於「數字」？

答案非常簡單，因為**「為了讓顧客信服，數字是必要的」**。

例如各位在聘請商務顧問時，如果對方說「停止銷售 X 商品而加強銷售 Y 商品吧」或者「停止○○店的營業吧」之類的話，您會有什麼樣的感覺？一定會問「為什麼這樣做比較好」的理由吧？

要是對方回答「我總覺得 Y 商品比較好賣」或者「如果把○○店收起來的話，應該對公司成長有幫助」等等，您一定會不服氣。

總而言之，當商務顧問建議時，一定會使用「數字」做「客觀上足以令人信服的說明」（圖 0-2）。

僅管往往必須提出不順客戶意的提案或報告，但只要根據數字確切地說明事實，顧問在發言時就能夠站得住腳，並且能夠說服客戶。

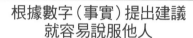

圖 0-2：用「數字」就能夠說服他人

為了解決問題「數字」是不可或缺的

在職場上不管遇到大大小小的問題，都必須要直接去面對。

然而只集中於「處理目前的工作」卻無法徹底處理根本問題的情況並不在少數。

當然日常業務也很重要，但是**若能夠處理埋藏在深處的問題，就可以產生更有效的成果**。

更何況商務顧問的工作大部分都是在「解決問題」。能夠不拘泥於常識而明確指出「應該處理的問題」，並思考如何去解決，就是商務顧問的工作。

此外，為了「解決問題」，數字也是不可或缺的因素。這裡將解說如何一步步去「處理問題」以及和數字之間的關係。因此希望各位能夠對商務上的「數字」有一番重新的認識。

定義「應該自省的問題」

一般來說，解決問題包含「①問題的定義」→「②解決方法的討論」→「③解決方法的執行」3 個階段（圖 0-3）。

在這裡最重要的是①「問題的定義」。

請想像學校的考試。如果想在答案欄填寫答案，必須在這之前先看清題目是什麼吧？商務顧問與一般公司職員最大的不同在於「**將心力專注於問題的定義上」**。換句話說，商務顧問不管從事任何工作，都會不斷地問自己「**我現在做的這些，都是為了當初要解決什**

圖 0-3：解決問題的 3 個階段

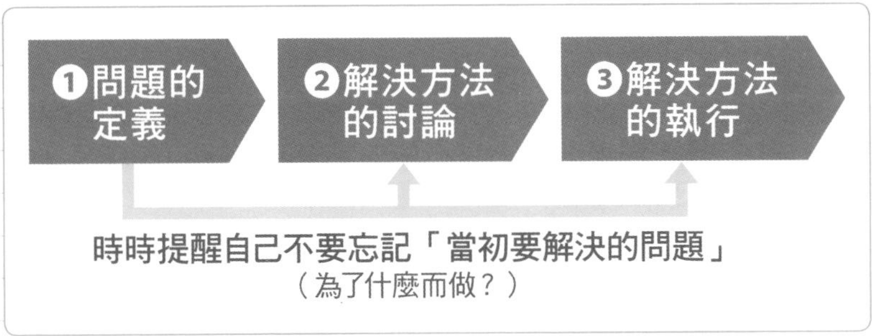

時時提醒自己不要忘記「當初要解決的問題」
（為了什麼而做？）

圖 0-4：不要忘記「當初要解決的問題」

麼問題？」。

　　這裡提到當初要解決的問題，就是「應該自省的問題」。我們常聽到年輕職員煩惱「不知接下來該做什麼才好」，或是「製作出來的資料，完全不是顧客或上司想要的」等失敗經驗，但那是因為太過於集中在例行工作上而**忘記「應該自省的問題」**進而困在「我究竟是為了什麼在做這件事？」的迷惑裡（圖 0-4）。

　　這裡所提到的「應該自省的問題」，就如同以下的例子：

● 為了把 3 年後的銷售額增加到 1.5 倍，該怎麼做？
● 為了在 1 年後將新品牌的市場占有率提高到 15%，該怎麼做？
● 為了提高顧客滿意度，店頭的陳列該怎麼做？

　　針對這樣的提問，如果只是思考讓營業額成長 1.2 倍的方式、新品牌可能要花 5 年才能推廣成功、列舉了和提昇顧客滿意度無關的店頭對策，便是形成「答非所問」的狀態。各位應該都能認同吧？

為了導出「應該自省的問題」

　　另外，不僅是針對問題尋求解答，一旦升職，就會被要求自行提

出「應該自省的問題」。如果要對「應該自省的問題」考慮周全，就必須要有想法才行。

讓我們針對上述的提問，舉一些例子吧！

● 想增加營業額，還是想提高投資報酬率？
● 想帶動現有商品的銷售，還是強打新品牌？
● 想保持架上貨品充足，還是想減少庫存？

類似這樣在難以兼顧之下判斷「該選哪個？」，就是提出問題的關鍵點。當然同時滿足兩個選項是最好，但是**明確決定「如果只能二擇一的話，自己該選哪個」，就等於在決定什麼才是「應該自省的問題」**。

困擾時的判斷依據是「數字」

在難以兼顧的選項之間，要選擇其中一方是相當困難的。決定的秘訣在於「認清『理想』和『現實』之間的差距。具體的做法以3個步驟來表示（圖 0-5）。

解決問題 STEP ❶思考「理想」的形象

首先，思考「理想」的形象。雖然理想的模樣有很多種形態，但最容易理解的是用具體的比較對象來想像。比如說，「想和某個競爭對手一樣」、「想和隔壁的○○營業部一樣」等等。

解決問題 STEP ❷徹底調查在理想和現狀之間的「差距」

決定理想形象之後，接下來要思考理想和現狀間的差距，也就是「不同之處」。

自己的店和競爭對手之間有哪裡不一樣？自己的部門和○○營業部之間有什麼不同？

因為是以理想形象為目標，所以在業績上一定有很大的差異。投資報酬率以及產生的利潤也可能不相同。如果是店家，來客數和員工數也應該不一樣，可能甚至連員工離職率也會不同。如果是營業

部門，「業務員的個人業績不同」、「新顧客的開發數不同」、「簽到長期契約的大客戶數不同」等等類似的情形。

解決問題 STEP ❸認清在差距中「最重要的事物」

決定理想形象，又找出理想和實際的差距，最後思考這些差距中**「以理想形象為目標時，最大而最重要的『差異』是什麼？」**。這樣就一定能看見「應該自省的問題」是什麼。

為什麼會把目標對象設定為「理想」呢？在理想和現狀的差距中，最大的重點是什麼？如果碰到停滯不前的關卡，就能夠看得見「最應該優先處理的問題」是什麼。這就是「定義問題」的方式。

這麼一來，就不會發生理想和現狀之間最大的差異是「每個業務員的新開發客戶數差距很大」，可是卻使用「增加業務員人數」之類不合適的解決方案了。

在思考3個步驟時，會出現商務上的「數字」。像方才舉出的例子也使用了「業績」、「投資報酬率」、「利潤」、「來客數」、「店員數」、「離職率」、「個人業績」、「新開發客戶數」、「大客戶數」等之類的關鍵字。沒有使用這些「數字」的能力，就沒辦法設定「應該自省的問題」。再者，既然沒辦法設定提問，當然是不可能回答提問而解決商務上的問題。換句話說，當要解決「商務上的問題」時，數字是不可或缺的。

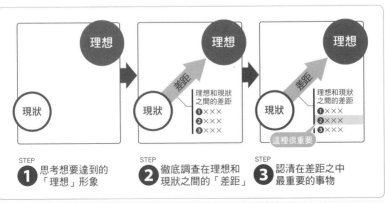

圖 0-5：解決問題的 3 個步驟

03 數字所顯示的是「事物原本的樣態」

把項目「構造化」＋「分解」來思考

之前已經介紹用來解決問題的 3 個步驟，如此一來就能用數字來掌握商務全貌，**進而判斷「構成商務的諸多因素之中最重要的是什麼」**。

商務顧問也採取類似的步驟。比如說，某企業依賴「降低成本」的方案時，商務顧問首先處理的是「分解成本項目」。例如間接成本就分成「人事費」、「廣告費」、「業務委託費」、「接待費」等。接下來思考「降低什麼成本會有最大效用」。比如說，分解費用的結果是「接待費 2 仟萬元」、「廣告宣傳費 1 億元」，那麼，「接待費減半」和「削減 1 成廣告費」就有一樣的效用，也就是減少 1 仟萬的支出。該降低什麼成本是看每間公司各自的狀況，也有可能同時降低兩種成本，不過最重要的是掌握「接待費減半」和「削減 1 成廣告費」會有「一樣（1 仟萬元）」的降低成本效益。

雖然是同樣削減 1 仟萬元，但削減某個項目的「1 成」或「5 成」，難度是不一樣的。**這樣分解成本項目就容易找出對該企業來說，最適合的降低成本策略**（圖 0-6）。

來看看另外一個例子。收到「購物中心想改善業績」的請託時，商務顧問就先分解「營業額」這個項目。分解的單位是「店鋪別」、「分類別」、「樓層別」、「銷售區別」等等。如果用會員卡管理顧客時，以顧客的性別、年次、居住地區、還有來店頻率、購買金額等「屬性」來分解業績。

如此一來，「業務的全貌」就能夠具體顯現出來。諸如「貨品在哪家店銷售最多？」、「什麼種類的商品賣得最好？」之類，都能夠清楚掌握。

另外，看「種類別銷售業績」就會知道大部分客人來購物中心的

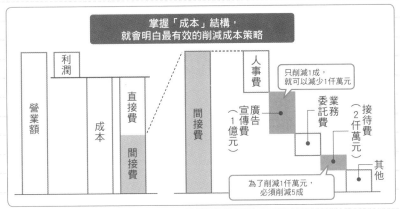

圖 0-6：掌握「成本」結構

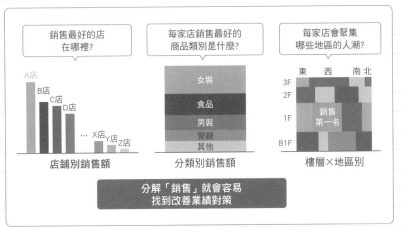

圖 0-7：分解「銷售額」

學習和商務顧問一樣思考「工作」和「數字」

目的是女裝或男裝、是食品還是書籍等等資訊。再者「以樓層別或銷售地區別計算的業績」可以大約看出客流的動向，所以用顧客的「居住地區」來分解的話，就可以知道住在哪個地區的顧客來得最多。把「居住地區」和「購物商品種類」組合在一起的話，就會明白那個地區的顧客是為了什麼樣的目的而來。

　　數字排除了主觀因素，顯示出「事物原本的樣態」。用這樣的觀點來俯瞰商務全體、思考重要的事物要用何種「數字」觀點去捕捉，就能夠找出該企業的課題，進而找出解決事情的方法。

消除對數字
「排斥感」的方法

　　商務顧問最常用的思考模式就是「假說思考」。假說就是「假定的回答」。用更溫和的說法就是「應該會是這個樣子吧」、「說不是會是這樣」之類的假想。去驗證假想是不是正確，比起不採取任何前提來想像，還較快獲得正確的解答。**因為驗證後如果發現假設不對，就能夠知道什麼地方產生了什麼樣的錯誤**。如此一來，下次就能夠設定「更精確的假說」。重複這過程幾次後就會很快找到正確的解答。這種假說思考（建立假說・驗證程序）也必須要有數字否則無法進行。**特別是「驗證假說思考時，更需要取用數字」**。

　　比如說，在思考某商品銷售量下降的原因時，成立了「競爭商品瓜分了市場」的假說。要驗證假說，如果不看「自己商品的銷售變化」及「競爭商品的銷售變化」這 2 個數字，是無法判斷假說是不是正確的。要是驗證數字的結果是「自己商品和競爭商品的銷售量都一起降低」的話，方才的假說就錯誤了，換句話說就可以明白「應該解決的問題（亦即應該自省的問題）」，並非是與競爭對手搶奪市場。

　　假說思考就像這樣也會使用到數字，**實際上商務顧問也是如此反覆用數字去驗證假說，然後找出解決問題的道路**。

　　此外，如同先前所述，使用數字來掌握商務並加以思考的第一步，就是一開頭所說的「去除不擅長數字的想法」，換句話說，也就是「消除對數字的排斥感」。

‖「接觸數字」是去掉排斥感的最好方法

　　消除對數字的排斥感最有效的對策是「接觸數字」。其實學習任何工作的技術，也是靠這個方法學會的吧！即便是對接待客戶、電話應對感到棘手，也應該是從每天接觸的過程中，自然而然地學習適當的應對進退。**數字也是一樣**。當然基礎知識和認真的態度是必備

的，但只有在每天業務當中實際去接觸，才能用最自然的方式去除排斥感（圖 0-8）。

再者，還有一個部分也很重要，那就是平常習慣性地接觸數字，就能漸漸掌握「**哪些數字是因為其他事物結合在一起所產生的結果**」。只要理解數字形成的機制，就慢慢能夠培養數字感，瞭解自己每天所實行的業務，會對什麼樣的數字產生影響。

接下來，介紹如何消除對數字排斥感的秘訣。如果接待的秘訣是「笑容和個人魅力」，那麼**習慣與數字共處的秘訣就是在「觀看」和「製作」之間取得平衡**（圖 0-9）。

「觀看」數字就是仔細觀察銷售額和利潤之類的統計表或圖表。另外，「製作」數字是指自行製作這些表格或圖表。

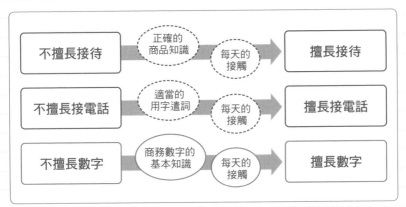

圖 0-8：克服「不擅長數字」的方法是接觸數字

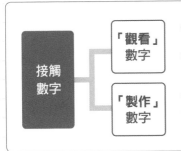

圖 0-9：數字的「觀看」與「製作」

用 Excel 增加接觸數字的機會

實踐「接觸數字＝數字的觀看・製作」最適當的工具就是本書的另一個主題 Excel。Excel 是對使用數字非常有用的工具。雖然觀看數字的時候，會想直接與實際的商務情況連結起來，但**若是能夠使用 Excel 的話，可以對數字的了解更加深刻**。如果使用 Word 或者 PDF 形式的檔案來觀察數字，那麼看完就直接結束了（如果特殊情況下只能看列印稿則另當別論）。

此外要是使用 Excel 的話，就可以確認小數點以下，但沒有在螢幕上顯示的數字，以及各種數字的組合計算。如果真的要仔細觀看「數字」的話，Excel 是最適當的工具。

同樣的，在「製作」數字時 Excel 也是很適當的工具。一聽到「製作數字」或許很多人會直接聯想到「Excel 函數」，但**其實運用 Excel 來處理數字，並不需要記憶幾十個「Excel 函數」**。說實話，只要知道最主要的 5、6 個，就足以應付大部分的商務需要。

雖然對 Excel 棘手的人和對數字棘手的人一樣很多，但或許這是因為這些人擁有強迫觀念，認為「必須要記住各式各樣的函數」、「必須要記住複雜的操作」。然而，即使不勉強自己做過於困難的事項也無所謂。總之請先不倚靠他人，自行去接觸 Excel，然後獨自進行數字的處理。不過與其單純地以「觀看」為目的來處理數字，建議採取一種想要知道更多資訊的角度出發，將數字作加加減減、計算比例等等。

本書雖然會解說如何操作 Excel 來處理商務上的數字，但是在步驟上非常簡易。即使是「不擅長 Excel」的人，也能夠輕輕鬆鬆的使用它，請務必嘗試看看。

第 1 章

在商務上的「數字感覺」
是什麼？

在商務現場充滿各式各樣的數字
為了好好活用數字、應用在工作上面，
必須掌握正確的「數字感覺」。
這裡將介紹學會數字感覺的基本方式。

你能掌控的數字是什麼?

「數字」也有很多種類

一聽到商務上的數字,各位第一個想到的是什麼?

應該有人會想到「銷售額」、「成本」、或者是公司的財務報表(損益表或者資產負債表)。

這些都正確,但是不夠充分。

雖然大部分的人對「數字」相關事物總是印象不深刻,但構成公司以及企業,不只是那些數字而已。就好比單獨的營業部、會計部、製造部並不能構成一間完整的公司,如果**只看「對自己業務有關的數字」,就無法掌握全體**。

商務上的數字,只要思考商務「結構」就能夠看得見。

在商務上最重要的指標應該是「利潤」。讓我們先從「結構」的角度,來思考「利潤」這個數字吧!

以「結構」掌握銷售額

用「結構」來思考利潤時,首先想到的應該是「利潤＝『銷售額－成本』」的式子。從銷售額扣除成本後剩下的是利潤,非常簡單的結構。

那麼,接下來請思考「銷售額」的結構。

雖然根據業務種類有點不一樣,但一般來說多半是「銷售單價 × 銷售數量」。

在這之中,「銷售單價」可以想成「定價－折扣」,「銷售數量」也可以想成「顧客平均購買數量 × 購買人數」。再者「購買人數」則是「來店人數 × 購買率」的結構(圖 1-1)。

如何?即使是「銷售」這個單詞,如果思考出結構,就能夠看見許多東西(這裡以「銷售額」來思考,但是換成「成本」也是一樣

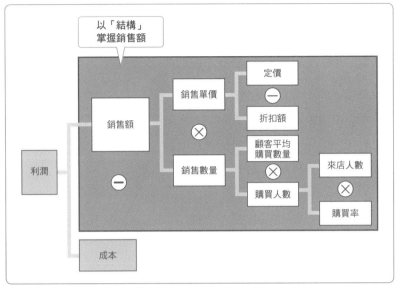

圖 1-1：思考「銷售額」的「結構」

的步驟）。

此外，如果能夠像這樣利用「結構」來掌握數字，應該就能夠理解所謂商務，就是由各式各樣的「數字」組合出來的。

自己「可以掌控」的數字是什麼？

用「結構」掌握數字之後，接下來請思考的是，**數字結構裡「自己可以掌控的數字是什麼？」**。例如各位是超市零食區的負責人員，負責人員應該不可以決定零食的定價吧？通常都是零食公司決定的。

此外，「客人會到您的超市還是去附近的便利商店？」之類的消費行為，亦即「來店人數（到店裡購物的客人數量）」對負責人員來說也並非容易掌控的部分。

那麼，真要說負責人員可以掌控的領域，那就是「商品的折扣額」和構成「銷售數量」的「顧客平均購買數量」及「購買率」（圖1-2）。

賣場負責人員修改店裡的「折扣額」，就可以掌控「銷售單價」。另外，每位客人如果多買一些商品的話，銷售額就會提高，於是實

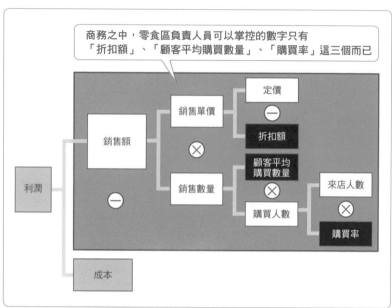

商務之中，零食區負責人員可以掌控的數字只有
「折扣額」、「顧客平均購買數量」、「購買率」這三個而已

定價

銷售單價

折扣額

顧客平均
購買數量

來店人數

銷售數量

購買人數

購買率

銷售額

利潤

成本

圖 1-2：思考自己可以掌控的數字

施「每位客人同時買 2 個就打 95 折」、「發行結帳後 1 個月內可以
使用的折價券」等對策，就可以刺激消費，並提高銷售數量或購買
率。

這麼一來，各位應該就能理解自己在日常業務上接觸什麼樣的
「數字」。

雖然重覆很多次，但商務是以各式各樣的數字組成的，而您每天
的業務活動會將其中幾個數字加以變化。

02 如何認清 自己可以掌控的數字？

先前已經介紹在商務現場上最重要的東西是認清「自己可以掌控的數字」。換句話說，就是**心中存有「自己的相關業務會對什麼數字產生影響？」的意識是非常重要的**。當然，自己可以掌控的數字，和自己業務所能影響的數字，視部門而有所不同。為了認清這點，首先弄清「自己的相關業務」是很重要的。也就是說要將「業務流程」明確化。

例如思考「製造部門」的業務流程。製造部門是負責「製作商品」，所以活動一定是對「生產行為」有關。

在製造部門的業務流程上，首先設計「如何製作產品」並根據設計進行商品材料的採購或者商品的生產，接著進入庫存管理後將完成品出貨。到此為止是製造部門的管轄領域。接著，後面進行的「物流和銷售」不是製造部門的範疇而是別的部門所負責的（圖1-3）。

在這業務流程之中，製造部門應當管理的數字（應該掌控的數字）是什麼呢？大概略舉的話，應該是「設計相關的人員數」、「生產時良品和不良品的比值（良率）」、「工廠的商品庫存數」、「工廠的作廢商品數」、「出貨業務相關的人員數」、「出貨數」。從生產部門離開後實際銷售或相關的人員數，至於最後的銷售金額等等，就是負責領域之外的數字（但是因為「銷售數量」對下次的生產量有影響，所以應該說是間接需要注意的數字）。

像上述這樣，分析業務流程之後，就可以看見自己應該管理的數字（可以掌控的數字）。

此外，就算是同樣的數字，有時也會根據部門的不同而有不同的取用方法。例如「銷售額」以及「銷售數量」對行銷部門來說是非常重要的數字。但是，對行銷部門而言「銷售額」、「銷售數量」是用來進行行銷策略所採取的數字，換句話說就是「驗證結果的指標」。

另一方面，對營業部門來說「銷售額」、「銷售數量」也一樣非常重要，但對他們而言，銷售額或銷售數量與其說是「檢證結果的目標」，倒不如說是「應該達成的目標」、「每天都該累積的活動指標」。**換句話說，即使是同樣的數字，也會根據部門（以及負責的業務流程）而有不同的掌握方法。**

也就是說，重要的不是單方面地掌握數字，在對照業務流程的同時，多方面的用俯瞰角度去觀察數字也同樣很重要。例如思考「為了行銷所需的成本」時，首先想到的是「廣告費」，但觀察整個行銷流程的話，其實最大的成本也很有可能是「公司內部的人事費」（福利費和接待費也包含在內）。

不單只是注意「看得見的數字」或者「顯眼的數字」，而是綜觀各種數字，便能看見不一樣的世界。而商務上的各種數字，是「現實的投影」與日常業務緊密相關。

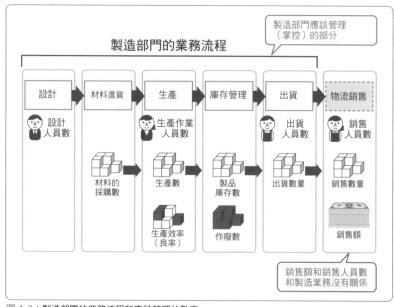

圖 1-3：製造部門的業務流程和應該管理的數字

03 用「賣什麼、誰來賣、賣給誰、何時賣」來觀察數字吧！

解說到目前為止各位應該已經理解商務是以多種數字組成的。那麼，接下來談談針對各種數字的「看法」吧！

例如請想像在各位的業務之中，距離最貼近的「銷售額」是什麼？想到之後，接著看看以下條列，看哪一個和各位想的最接近。

● 企業全體的銷售額。
● 企業提供的特定商品或者服務的銷售額。
● 自己所屬單位（或者有最多聯繫的單位）的銷售額。
● 特定顧客層或者負責人員對每位客人的銷售額。

結果如何？就像上述這樣「公司單位」、「特定商品或服務單位」、「部門單位」、「顧客單位」等關鍵字，各位現在已經知道自己是以什麼「單位」來掌握銷售額了吧？

接著，也請思考一下您是以什麼「時間軸」來掌握銷售額？「年單位」、「月單位」、「一星期單位」、「日單位」、「時段或者星期單位」等，各位也是用其中一種方式來拆分吧？

在 P.24 中介紹了用「單價」和「數量」來找出結構的過程，但是在平常會話中出現「銷售額」時，**與其在腦海中思考「銷售額的組成要素是什麼？」還不如思考「這個銷售額是以什麼為單位？」更為重要**。

這也是「分解數字而掌握」的技術之一。和之前介紹的「銷售單價」、「銷售數量」的分法不同，而是以「公司／商品／部門」或者「時間」來分解數字。

雖然「分解」聽起來好像是件難事，但只不過是把全體細分成更小的單位，換句話說，就是將它作「局部」分析。

分解項目	概要
全體	掌握一個整體
商品別	以某個商品或服務為單位來掌握
種類別	把商品或服務的性質或對象一起掌握
部門別	以相關銷售部門為單位來掌握
分公司（地區）別	以銷售地區為單位來掌握
主顧‧顧客別	以購買客人為單位來掌握
月別	跟上述沒有相關，以適當的時段來掌握

圖 1-4：這次「銷售額」的分解方式

　　方才列舉的「銷售額」，就是以上述的方式來分解（圖 1-4）。

‖ 賣什麼、誰來賣、賣給誰、何時賣？

　　接下來要以**「賣什麼、誰來賣、賣給誰、何時賣」的角度來分解銷售額**。反過來說，銷售額可以用「賣什麼、誰來賣、賣給誰、何時賣」的角度來分解。

　　商品別、種類別是以銷售的東西或者服務來分解，換句話說，是以「賣什麼」的觀點來分解。

　　部門別、分公司（地區）別是以進行銷售活動的組織單位分解，換句話說，是以「誰來賣」的觀點分解。

　　主顧、顧客別是把願意購買的顧客做分類，個人客戶的話，是以性別或年次來分解，法人客戶的話，則是以營業類別或者規模來區分，所以這是以「賣給誰」的觀點分解。

　　最後，月別、週別、日別是以「何時賣」來分解。

　　如何？銷售額用「賣什麼、誰來賣、賣給誰、何時賣」的角度分解之後，就會變得很清楚吧（圖 1-5）？

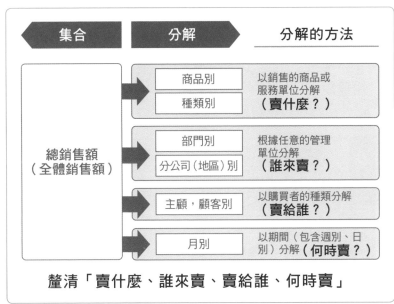

圖 1-5：「賣什麼、誰來賣、賣給誰、何時賣」的角度

以多根分解軸交叉思考的技巧也很常見

前述的分解軸不一定是單條，複數交叉的技巧也很常見。其中最簡單的形式是一條垂直軸、另一條是水平軸。換句話說，就是兩軸垂直交叉的形式。

例如，想要表示每家分公司的月份銷售額時，就可以用圖 1-6 來呈現。縱軸為分公司（地區），橫軸為月份，兩軸交叉製作出表格。如此一來就可以清楚看出什麼分公司在哪幾月銷售了多少。

這裡是用「分公司」×「月份」的方式做介紹，但在實務上也有「部門別」×「商品別」的組合。這個時候，就可以明顯看出「什麼部門賣了什麼以及賣了多少」。利用多數軸的「交叉」來分解銷售額時，就等於採取了多種不同觀點來看同一件事，因此明確使用分解軸是非常重要的一環。

很多人容易誤解旁人對同一件事的認知會和自己一樣，所以在與別人溝通時，必須事先講清楚「前提共識」。

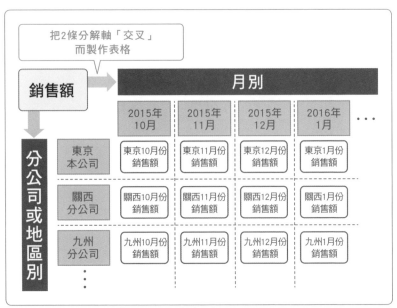

圖 1-6：以「分公司別」×「月別」的交叉軸來思考

和他人對話時，**會因為銷售額要採取「什麼分解軸」而有不同的論點**。要是一個人在說「商品別」，另一個人卻在談「部門別」的事，就永遠不會有交集。為了避免這種情況發生，應該要好好理解自己所用的「分解軸」到底是什麼。要是疏忽這個初步的部分，就會發生出乎意料的錯誤。請務必就在此刻，將「事先釐清分解軸」這點銘記在心。

∥ 分解軸因「數字的種類」而產生變化

雖然截至目前談的都是「銷售額」，但是銷售額以外的數字也可以比照辦理。

這次就以製造部門的評價指標，「生產數量」為例來思考吧！

生產部門負責的不是「銷售」而是「商品製作」，所以銷售額是以「賣什麼、誰來賣、賣給誰、何時賣」的角度來分解，但**生產數量是以「生產什麼、誰來生產、生產給誰、何時生產」來思考**（圖 1-7）。

「生產什麼」和分解銷售額的情況一樣，只要以商品或類別分解就好。

「誰來生產」雖然和銷售額一樣是以部門別來觀察，但不同處是活動主體限制在「生產部門」（銷售額的話不一定限於營業部門，例如公司內部的販售行為會額外處理）。

雖然生產部門是不是存在所謂區域概念可能意見不一，但如果是複數工廠且有地區別需考慮時，那麼那樣的概念是有意義的。

「生產給誰」因為是指由誰來製作銷售給客人的產品，所以同方才所述，是用「要製作給哪個部門來進行販售？」的角度來思考。當然這裡所說的銷售部門和在討論銷售額時所說的「誰來賣」當中的部門，通常是同一個。

「何時生產」也用「銷售額」一樣的方式掌握就好。

只要從這些分解軸當中抽取幾個必要的來交叉，就可以把生產數量分解成適當的單位。

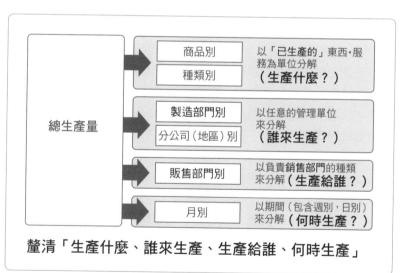

圖 1-7：以製造部門來分解生產量

數字和「地圖」一樣？

「數字如同地圖」…的理由是什麼？

在討論商務時若使用數字，會減少彼此認知的誤差。更進一步說，「數字」導向的討論就**好像大家一起打開地圖來確認彼此所在地及目的地一樣**。

一長串數字資料對不擅長數字的人來說，可能會不知道怎麼看，或是不知道該看什麼地方。這就好像不擅長看地圖的人說「我不知道怎麼看，也不知道該看哪裡」是一樣的意思。

要將數字和地圖一樣有效活用，最重要的就是和地圖標記一樣，統一對「用語」的解釋。

例如以日本地圖來說，國小和國中以「文」來表示，高中就是以「〇中有文」表示。

另外，寺廟則是「卍」。不知道這個設定的話，就無法看懂地圖。如果不統一用語的話，那麼「走到學校時右轉」這句話你想到的是國小，其他人卻以為是高中，這樣不管花多少時間也不能到達目的地吧？同樣「附近」這個詞，是指步行 10 分鐘還是開車 10 分鐘？這兩者就有很大的差別。還有，思考「附近」的起點是「目前所在地」還是「目的地」，也會依據每個人的認知而有所不同。

所以說，不統一規定用語的話，愈多的人看地圖，就會產生愈多爭執。這部分在看數字的時候也一樣。

例如就像前述，**一樣是「銷售額」這個詞，也會根據部門別、商品別、月別、年別，而產生截然不同的認知，也有的時候雖然是同一個詞但使用的部門不同，意思也不一樣**。又或是一方說「想提高這個部門的利潤 10%」時，那麼對方若對「利潤是什麼單位的利潤（1 個月還是 1 年）」的認知有差別的話，就會很困擾吧？如果不先摘

除誤解的種子，否則永遠也無法進行正確的討論。雖然不需要很嚴謹地定義所有用語，但是至少確認一下「我們討論的是一樣的事情嗎？如果有不一樣的地方能否指出來？」。

使用數字是為了良性溝通

反過來說，如果具備這樣相同的前提，就可以和地圖一樣使用數字。在看同一張地圖與人對話的時候，可以共同討論「現在我們在哪裡」、「接下來的目標是哪裡」以及「要注意些什麼」等等，例如「現在我們在警察局前面（所在地），等走到郵局轉角（注目點）的時候轉彎，往國小走過去（目的地）」。

以數字來舉例的話，就是「目前在看關西分公司的月銷售額（所在地），但是銷售額的成長率比東京還差（注目點），希望成長率能和東京並駕齊驅（目的地）」。

概括而言，看數字的時候，應該讓彼此都有以下的共識。

● 自己在看什麼數字？
● 該數字要著眼的地方是哪裡？
● 希望變數會有什麼變化（或者要不要繼續維持）？

要是對所在地的認知有誤差，那再怎麼努力領路也不會成功。要是目的地不同的話，那就應該在討論路徑之前，先彼此重新認識所在地。

如果有地圖的話，即使相隔兩地也能理解彼此

地圖的好處是「**只要對方擁有相同的地圖，就能夠擁有相同的認知，並且用相同的方式去使用**」。這點數字也是一樣。

總公司的企劃部門人員與相隔遙遠的分公司負責人員對話時，如果彼此都有同樣的地圖，亦即使用相同的數字，那麼在溝通上就不會有困擾。

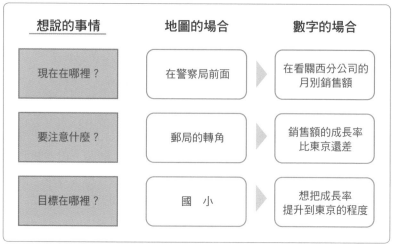

想說的事情	地圖的場合	數字的場合
現在在哪裡？	在警察局前面	在看關西分公司的月別銷售額
要注意什麼？	郵局的轉角	銷售額的成長率比東京還差
目標在哪裡？	國　小	想把成長率提升到東京的程度

圖 1-8：看地圖和看數字的道理是一樣的

　　分公司負責人根據目前的地圖（數字）給總公司負責人說明分公司的狀況。企劃部門人員看著相同的地圖，就能掌握所在地（在看什麼數字）、目的地（想要達成什麼目標）、往目標前進的地標（理由或根據等）。

　　只要觀看一樣的地圖，經過好幾次的交換意見後，就應該可以達成協議（圖 1-8）。

　　當然達成協議後，也會發生到目的地應不應該坐火車還是坐計程車之類的意見差異。但如果是在思考大方向，一些旁支末節就不重要了。

　　順帶一提，「要坐火車還是計程車」就是指「要用什麼方法到達目的地」的議題，就像「想提升關西銷售額的成長率和東京一樣」這句話是指「維持銷售額但減少成本（＝提高利潤率）」呢？還是「維持利潤率但提升銷售額」呢？這是非常重要的選擇，在實際的商務現場也是經常討論的話題。

　　但是我必須再次強調，**不對目前所在地和目的地存有共識，議論就會變得完全沒有意義**。

　　總之，要抱有「數字如同地圖」的想法，今後一定要留意將所在地與目的地搞清楚吧！

05 把數字當作是共通語言

　　為了便於想像，前次以「地圖」為例介紹了數字。用另外的說法來講，數字是跨部門的「共通語言」。

　　之前提到的「為了到達目的地是坐火車還是計程車」的議題，與「維持銷售額而減少成本（利潤率 UP）」？還是「維持利潤而銷售額 UP」？的議題，都是使用數字對話，使討論達到既深入又不致產生誤解的效果。

　　又例如「為了讓成長率和東京一樣，想把關西分公司的利潤比去年增加 25%」這句話，把東京和關西目前的實力值用「數字」來比較，就變得更容易下判斷。

　　先假設「東京：關西」比較出來的結果是「銷售額 1000：600、成本 480：320、利潤 520：280 利潤率 60.0%：46.7%」吧！

　　銷售額 600 的關西要提昇和東京的 1000 一樣，那麼因為關西的利潤率是 46.7%，所以需要的利潤是 467，也就是將原來利潤增加「187」，等於 67%UP。

　　另一方面，若是 600 的銷售額不變，把關西分公司的利潤率 46.7% 提升到 60.0% 的話，利潤就是 360（＝600×60.0%）。這種情況，則是從原來的利潤只增加了「80」（29%UP）。

　　也就是說「利潤率不變，把銷售額提升到東京的程度對提升利潤有成效，但是也能達到改善利潤率的目的」。

　　然而，在這裡最重要的不是最後選擇哪個方法，而是「根據數字」進行討論。以這個例子來說，是應該減少成本把「利潤率」提升到東京的程度？還是不對利潤率下手，而是提升銷售額？這當中「議論的重點＝論點」，是很重要的（圖 1-9）。

　　像這樣，把商務狀況用數字將它視覺化。把數字當作「共通語言」，就可以實現超越部門差異、職務差異、公司差異而進行溝通。

　　公司部門或職務之間必然存在著壁壘，然而這樣的壁壘本身並不是問題。重要的是**理解那裡有壁壘，然後努力去跨越**。如果因為壁

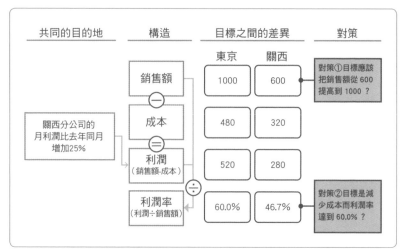

圖 1-9：釐清「論點」來進行討論

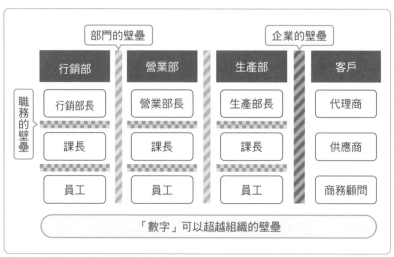

圖 1-10：數字可以跨越各式各樣的「壁壘」

壘的關係而造成詞語定義發生誤解，則用數字來溝通就可以容易跨過。而且實際上，壁壘很多只是一種誤解。

為跨越壁壘而提出「合理的疑問」吧！

雖然說使用數字就能夠跨越部門、職務、公司的壁壘，但當你竭盡所能「以正確的方式用數字溝通」，但對方沒有這樣的觀念的話，在溝通上還是會出現問題。

這時一定要記得的是，要針對對方的言論適時提出「合理的疑問」。例如，對方說「銷售額降了」，就應該抱有那是「什麼銷售額？」、「以什麼時段來比較？」的疑問，並進一步向對方確認。

或許對方一開始會感覺很麻煩，但是為了看同樣的地圖，只好不厭其煩地確認吧！

此外像「關西狀況不好」或是「缺少庫存」的發言，也是屬於不知道在看什麼地圖而難以理解。好好問清「狀況不好是指銷售額還是利潤？」、「所謂缺少庫存是哪裡的庫存？庫存量是多少？」是很重要的。

部門不同的話，觀看的數字、關心的數字就不一樣。立場不一樣的話，同樣數字掌握的方式也不一樣。像這樣超越部門或職務等壁壘，同時理解一樣的狀況才是在商務上使用數字的大前提。

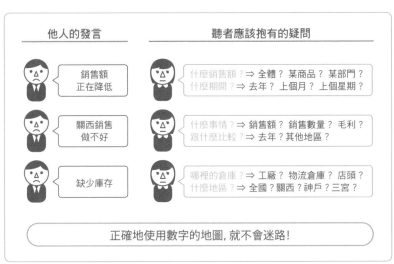

圖 1-11：提出「合理的疑問」

06 「直覺、經驗、嗅覺」是主觀的！

「直覺、經驗、嗅覺」等等詞彙，是具有歐美風格的經營者或現在很流行的資訊分析者非常討厭的詞語。因為這樣的詞語通常被認為是「非邏輯思考」的代表。

然而我覺得實際工作時「直覺、經驗、嗅覺」是非常重要的。例如便利商品的店長，在附近國小有運動會的日子，就增加飯團及茶的種類、數量，或者有工地開始建設大樓時便為工匠陳列大份量的便當。這些是基於「運動會的日子飯團會賣得很好」、「附近有工地開工的話大份量便當就會暢銷」的經驗法則。

再者如果每項商品都要一一思考的話（例如應該進五個梅子飯團還是七個），就會拖垮思考時間，所以直接根據「直覺、經驗、嗅覺」來決定「○個就好！」。

經驗豐富的營業人員即便沒有拜訪主顧也能推測「因為現在那個客人很忙，所以今天去拜訪也見不到面」也應該是根據直覺、經驗、嗅覺的關係。

如果在日常業務中有足夠的接觸，就能夠慢慢了解哪些是比較不容易發生失敗的因素，進而以成功經驗培養做事的訣竅，並鍛鍊出預測的能力，而『預測力』就是能提升成功的機率。

總之，充分活用「直覺、經驗、嗅覺」來做決策，就能夠在不降低速度（亦即效率沒有降低）之下提升工作品質（圖 1-12）。

另一方面各位也應該理解，只依靠直覺、經驗、嗅覺的工作是沒有邏輯的。因為本來直覺、經驗、嗅覺就是很「主觀」的東西。而且就是因為根據主觀，所以用直覺、經驗、嗅覺的做法多半很難向別人用言語說明「為什麼應該這樣做」。

有些優秀的營業人員升職成經理，卻陷入「不擅長培育後輩」的困境，很可能就是基於這樣的理由。因為依靠自身的直覺、經驗、嗅覺來工作，所以無法用很有條理的方式教導後輩。換句話說，就是「無法整理出實際的說詞來做說明」。

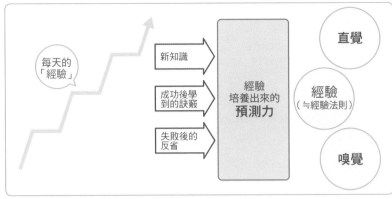

圖 1-12：直覺、經驗、嗅覺

┃「直覺、經驗、嗅覺」是思考的捷徑

舉個例子吧。在下雨的日子超市店長向員工指示「今天可以準備比平常少一點的便當和炸物」。

事實上這位店長說明的方式問題有點大，是典型以直覺、經驗、嗅覺之下的產物。**他主觀地跳過邏輯的思考過程，直接只說結論。**如果不把那些省去的部分做說明，其他人便不會了解為什麼會做出那樣的判斷。聽店長指示的員工也應該會有「欸？下雨時就減少便當和炸物的數量嗎？為什麼？」的疑問。

將店長思路以邏輯方式整理的話，就如同下述。

「①今天下雨→②附近高中的體育社應該會中止活動→③平常會有很多社團活動結束又肚子餓的學生來店裡，買便當或炸物回家→④但是下雨天應該沒有社團活動，會馬上回家→⑤他們買的便當和炸物應該會比平常少」。

實際上店長的腦袋裡有這五個階段的思考過程，但是給員工指示是「因為下雨所以可以準備少一點的便當和炸物」，跳躍了②～④的三個階段（圖 **1-13**）。

就如同前述，發現下雨的店長立刻指示「因為下雨，所以準備少一點的便當和炸物」的判斷，從工作效率和工作品質的角度來看，並不是不好。

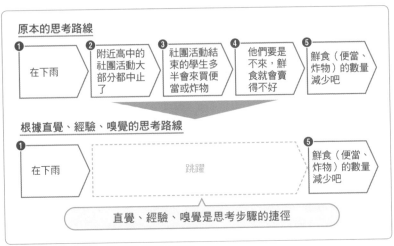

圖 1-13：直覺、經驗、嗅覺是思考步驟的捷徑

　　然而，像「下雨→減少便當和炸物」這種跳躍性思考若已經形成常態，那可能就會變成問題。因為等到要向他人解釋時，就會沒辦法好好說明。不擅長說明之後，就會演變成「為什麼連這樣的事也不懂？」、「不必解釋也能夠了解吧！」之類，將責任丟給下屬。

　　這麼一來，下屬一定無法成長。

成功經驗可能會造成「迷思」

　　太依靠「直覺、經驗、嗅覺」的弊病是不單單只是沒辦法對別人邏輯性的說明。

　　直覺、經驗、嗅覺是長久工作經驗所累積的知識或訣竅。可是**只要一走偏，就會演變成「迷思」而造成很大的問題**。

　　例如，有一位在大學前面賣了 10 年咖啡的店長。這家咖啡店有午餐時段，平價午餐很受學生歡迎。

　　然而他的煩惱是，有很多點了平價午餐而待了 2 個小時的學生非常多，導致翻桌率非常低。於是他針對午餐時段實施了優惠方案，「只要進店後在 20 分鐘內結帳，就免費送一杯咖啡外帶」。結果，這方法提高午餐時段的翻桌率，銷售額和利潤也得到大幅改善。

　　這就是所謂成功經驗，是這位店長的「經驗法則」。

　　但是，這位店長後來異動到位處住宅區的分店，如果也將之前成功經驗當中所得到的經驗法則原封不動照用，結果會變得如何呢？

　　因為從大學前面的店轉到住宅區裡的店，所以客層也應該不一樣。恐怕不是之前常來的「學生」，而是「主婦層」的客人。

　　要是對那些帶著小孩、想要慢慢享用午餐的住宅區主婦，傳達「午餐時段最好能在 20 分鐘以內離開」就絕對不是好辦法（圖1-14）。

　　類似這樣，**一個人（這個例子當中是店長）的主觀判斷，通常很多時候都不能應用在其他情況**。請各位不要如此極端，太過執著於「個人的主觀（成功經驗）」經常會對進行商務時造成妨礙。這也是直覺、經驗、嗅覺的弊病。

　　而且，這樣的直覺、經驗、嗅覺的濫用，更會造成先前所說的「壁壘」。要是每個都用直覺、經驗、嗅覺來工作的話，彼此就無法理解彼此的想法，產生「那些人根本不懂實務面的事情」等念頭，並難以避免部門之間的爭吵。

　　「直覺、經驗、嗅覺」是非常重要的，但太過於依賴的話，就會發生弊病。

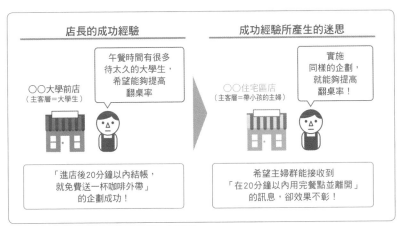

圖 1-14：**直覺、經驗、嗅覺可能會造成「迷思」**

數字是客觀的！

直覺、經驗、嗅覺是「主觀」，另一方面數字是「客觀」。

數字沒有攙入主觀或迷思的餘地，能夠嚴謹的表示出「結果」。可以說，能夠把主觀的「直覺、經驗、嗅覺」客觀地表現出來的是數字。

使用數字的話，因為去掉了主觀及抽象的表達方式，所以可以進行更精準的溝通，此外，能夠將眼前發生的事情用數字做串連，就能夠理解其「關聯性」。這點，也是使用數字的一大好處。

例如，電視廣告的出稿量增加時，網路上諮詢的次數也會增加。

這兩件事之間有多少相關性，只要調查一下數字，就能馬上明白。

或者針對某商品進行折扣活動時，實際發揮多少成效，也是看數字就會知道。

實務現場之中「製造廠商委託代理商進行宣傳活動」、「折扣成本由製造廠商來負擔」等等的事例很多，這種情況，就必須針對宣傳活動的成本效益以數字做驗證。

像這樣，只要能分析出事情之間的「關聯性」，就可以將自己相關的事情和他人相關的事情用相同的基準去計量，進而做出相同的判斷。

把多件案子「用同樣的基準去計量」是非常重要的。

例如，3家連鎖店分別進行了「配發廣告單到住宅」、「插播電台廣告」、「在店頭招攬客人」等攬客措施。

這些措施是完全不一樣的，但是如果從「投入一定金額的行銷成本來進行攬客行為」的角度來看，就可以視為「相同」。

如此一來，**那3家店鋪攬客措施的效用，不需要去理會各自細節的部分，而應該要先以一樣的標準來評估。**

這時，數字就可以發揮客觀評價的作用。

不是任何事情只要用客觀的角度就好

雖然之前提到「數字是客觀的，用數字就可以實現精準溝通」，但並不是因為這樣，對任何事都使用數字來做判斷。因為，數字信徒容易犯的錯誤是，**對數字的意識過於強烈，完全不看實際現場發生的事情就直接擬出對策。**

實際商務中有很多時候，是依循「各個現場的特殊狀況」來進行的。例如部門、店鋪內常常有「誰和誰很要好（或不要好）」之類的人際關係。在公司內部像派系這種東西是絕對不好，但考量到現實，人際關係影響工作成敗的事跡時有所聞。

而且若只看數字，討論的內容始終會很理想化，容易造成紙上談兵的現象。

例如想要減少人事費時，認為「部門 A 和部門 B 的某個業務重疊，只要統合部門的話只需要 1 名員工就足夠，並可以省下人事費」，但在實際情況下不一定會收到成效吧！

如果實際去看現場狀況，2 個部門位於不同大樓、為了配合客戶使得兩者營業時間也不同…等等可能的事例也很多吧？若**只看數字而將「複數部門的業務合併並節省人事費」的做法，是絕對行不通的。**

換句話說，根據客觀的數字來決定全體一致的措施，有時對各個部門可能產生很糟糕的影響。

現在我們來想像「今後接待費全面削減」或者「所有部門的營業促銷費一律減少 6 成」會造成什麼後果吧！

如果看整體的話，那目標很可能是對的。各部門四處的確經常存在無用的接待費或促銷費。

但是在現實生活中，業界或者顧客也有「習慣、慣例性接待常態化」的觀念。

如此一來，削減接待費可能會失去那位顧客。

還有像總公司決定集中購買特定商品，結果不得不取消個別部門或分公司的交易也是經常發生的事吧！

像這樣盲目地深信數字，將容易造成多次「跟現場之間的爭執」。簡而言之，主觀和客觀都有各自的好處和壞處（圖 1-15）。

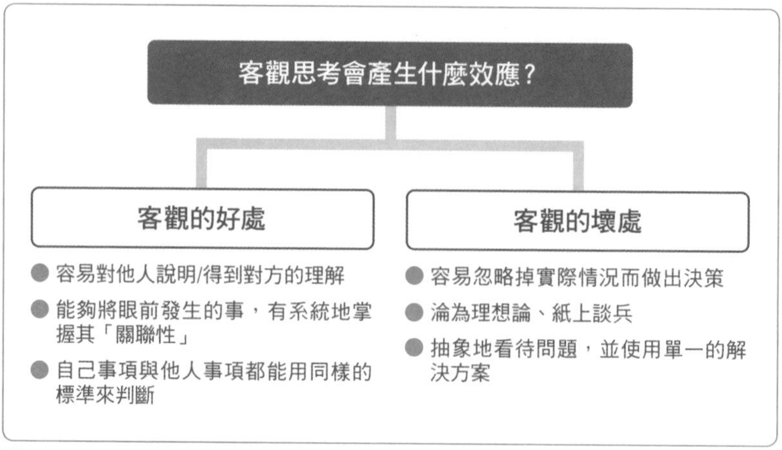

客觀思考會產生什麼效應？	
客觀的好處	**客觀的壞處**
● 容易對他人說明/得到對方的理解	● 容易忽略掉實際情況而做出決策
● 能夠將眼前發生的事，有系統地掌握其「關聯性」	● 淪為理想論、紙上談兵
● 自己事項與他人事項都能用同樣的標準來判斷	● 抽象地看待問題，並使用單一的解決方案

圖 1-15：客觀的好處和壞處

08 「主觀」和「客觀」的組合很重要！

使用直覺、經驗、嗅覺的主觀與使用數字的客觀，可說是一體兩面。重點在於能夠將這兩者巧妙結合在一起。

雖然有點突兀，但有部熱門電影裡的一句台詞是「事件不是在會議上發生的，是在現場發生的！」。這句台詞是真理。不僅在案發現場，在商務上也有很多事情都是必須了解現場，並在現場商討對策，然後嘗試去解決問題。如此機動的辦事方法稱之為「現場力」。這現場力表示企業運作的強度。

不過「事件是在現場發生的」這句話換個說法就是，「只能前往現場才能理解事件內容」，這種狀態若持續下去，對企業來說並非樂見。

「事件是在現場發生的」的狀態若持續下去，很可能暗示在現場的人們是以主觀的判斷行事。**因此最根本的方式是體認到「事件是在現場發生」，但也能同時視為「在會議上發生」。**

事件同時在現場及會議室發生的意思，是指現場和會議室都享用同樣的資訊，並且能夠針對這些來加以判斷（圖 1-16）。要是現場和會議室都能共用資訊的話，說不定現場忽略掉的事情，能夠在會議室裡找到。以刑事連續劇做比喻的話，現場所以為的「獨立事件」，在會議上卻發現「這應該是連續殺人事件」的場面應該跟這個很相似。

這時，只要彼此看的資訊一樣，那麼「認為是獨立事件的現場」和「認為是連續殺人事件的會議室」就能夠有所根據並進行討論。

如果這時彼此的資訊不統一的話，因為所有的意見都是根據主觀進行，所以難以進行討論。當然即使參考同樣的資訊，現場和會議室所發表的主張也會有很多不同，但至少每個人的判斷或是決策的根據相同，**就能夠除去大部分現場和會議室溝通時「無謂的障壁」。**

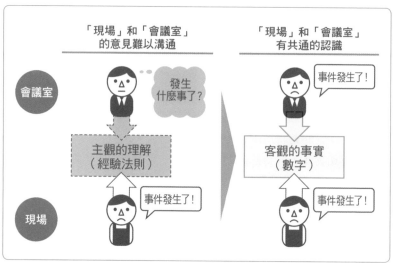

圖 1-16：「現場和會議室」應有的關係

「現場和會議室」的關係是階級結構

「現場和會議室（上級）的對立」不僅僅在刑事連續劇，而是隨處可見的情形，這樣的對立在商務上也經常發生。

而且更麻煩的是企業裡「現場和會議室」的關係不只是一種。例如一家分店裡，相當於「現場」的是營業員，相當於「會議室」的是分店長。然而分店長對上層的地區總公司來說是「現場」，地區總公司對總公司的營業總括部門來說也是「現場」，（當然從經營高層來看，營業總括部門也是「現場」，而經營高層對股東來說也是「現場」）。

這種階級結構，就算有一點差異，但是不管什麼企業什麼組織、部門基本上的本質是一樣的。和企業或組織無關，「愈上層愈看不到現場」的問題，起因就是因為過多的階級。

而且很遺憾的是，**根本不用提「愈上層愈看不到現場」，實際上「最底層的會議室（如上例的分店長）也看不見現場」**。

例如，我認為有很多分店長，會要求現場的營業人員必須提出工作報告。

工作報告的內容只要具體就好，但假設只是「拜訪 3 家（○○有

限公司，×× 有限公司，□□有限公司）」的話，就會有問題。

這 3 家拜訪的目的應該是不同的。例如第 1 家是初次拜訪（介紹自己公司和聽聽客戶的狀況），第 2 家是簽完合約後的送禮和討論今後的事情，第 3 家是遞上提案書來回應上次拜訪時所提出的問題。

此外，真正重要的不是「拜訪的目的是什麼？」而是「拜訪的目的是否達成？」。例如第一家讓客戶好好理解自己公司之後，有沒有做好下一次的預約？在第 2 家是否找到什麼不滿或問題，有沒有可以成交其他案子的機會？在第 3 家對所提出的建議反應如何？是進行得很順利，還是又找到新的問題？等等，就是所謂的「目的有沒有達到」。

只寫「拜訪 3 家」或拼命「主觀地」表達這些狀況，並無法好好的傳達資訊給會議室。

原本，這裡應該要用「案件階段管理」或「合約確實性管理」等「客觀」的共通語言，但可惜的是，會這樣要求仔細的分店長已經不多了。

為什麼上司需要客觀的數字？

會議室，亦即上司，對現場要求提出數字的理由有兩個。

一是他們需要依據來自行判斷。另一個則是為了向上級報告時使用。

這中間特別重要的是後者。前者，亦即上司自己在判斷事情時，使用了下屬的報告。就算這報告是根據主觀作成的，也不會發生太嚴重的問題。當然根據客觀的數字報告比較好，但是如果能和下屬一對一地反覆溝通，掌握住下屬是怎麼思考的話，很多事情就可以互相斟酌，正確地理解狀況。我個人並不討厭這樣的上司，事實上令下屬欣賞的上司應該是這樣的類型。

然而後者，亦即上司必須傳達資訊給上一層的「會議室（或更上層的主管）」，事情就會產生變化。像「山田是新人但是個性很好，本人也很努力，想看他 3 個月之後會有什麼表現」之類「關於現場的描述」，對「會議室」來說是無關緊要的事情，倒不如提出「現在分公司全體的達成率是多少」、「為了達成目標還需要多少」、「有

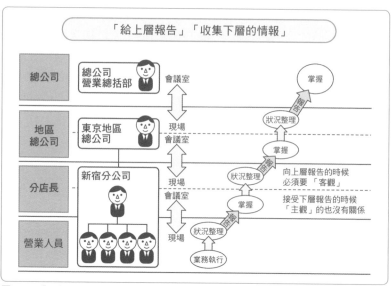

圖 1-17：「向上層報告」與「收集下層的情報」

多少差不多可以確定的案子，數量是不是足夠」等客觀數字的報告，而且「會議室」也會要求這種客觀的情報（圖 1-17）。不管什麼樣的企業都會有「會議室」這個階層，所以如果一開始就用數字來表現的話，就可以讓組織全體的溝通減少誤差。

使用數字便可加以「應用」

就如先前所述，利用數字把「經驗法則」理論化為「能客觀理解的規律」，就容易轉變成能夠向同事和下屬、還有上司（會議室）說明。

所謂理論化就是根據「下雨就減少鮮食」的經驗法則，轉變成「只要午後的下雨機率超過 50% 的話，鮮食的進貨就減少 15%」的規律。

並且，用數字將事物理論化之後，就會產生很棒的附加好處。那就是自己的經驗法則，也可能應用在「其他領域（例如其他店鋪、

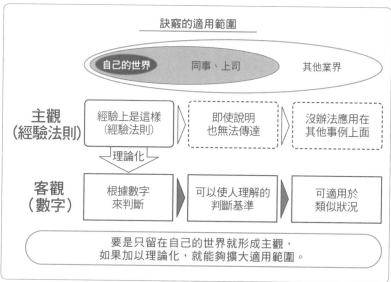

圖 1-18：把經驗法則中學到的訣竅轉成理論的話，就可以擴大適用範圍

其他部門、其他業界）」上（圖 1-18）。

如果保持主觀的話，經驗法則的適用範圍只侷限在那個經驗所在的業務範圍。例如「超市鮮食賣場」的經驗法則只適用在超市鮮食賣場。但是，這把經驗法則昇華成「理論」，那麼在其他賣場、店鋪、業界也可以適用。

假設現在有一個「在化妝品市場中，某商品的市場佔有率超過○成，那麼商品的廣告效果就會減少△％」的理論。

這時，不只是化妝品，對於「一直持續熱賣的某個商品」（例如沐浴乳或綠茶等）就可以考慮應用的可能性吧？

在 P.20 中已經介紹了所謂的「假說思考」，商務顧問先提出這樣的「假說」，接著再用實際的數字加以檢證。

這時若思考「這理論可以適用於什麼什麼商品呢？」不管結論是什麼都是根據主觀的想法（假說的提出常常是根據主觀進行），但另一方面來看，使用數字的假說驗證就是「客觀」的了。

就這樣，往來「主觀」和「客觀」之間，經驗法則變成了理論、理論再變成假說、假說再被驗證之後，就可能適用於其他店鋪、部

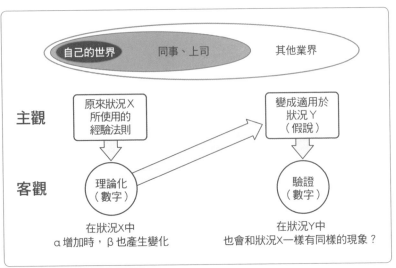

圖 1-19：以「主觀」建立假說，以「客觀」作驗證

門、業界（圖 1-19）。

　之前提到過很多次，這樣『理論的應用』是商務顧問常常思考的方式。因為商務顧問要面對各式各樣的業界並處理問題，所以經常會去摸索「是否可以把這個解決問題的方法理論化，去應用於其他業界？」。

　業界不同就不用說了，只要公司不同，店鋪或部門的經營方式也會很不一樣。其實就算是一樣的公司，各店和各部門也都有所差別吧！如果能找到跨越這些差異的理論，商務效率一定會飛躍性提升。

　就算現在是一個現場工作的員工，但將來也有可能成為「會議室」裡的人，在業務上必須讓自己的視野擴大。

　如果在這時，**能夠有能力把之前的經驗法則理論化，運用在不一樣的狀況之中，情況將會有很大的不同**。懂得應用的人能夠活用自己的知識，亦即經驗法則，並掌握現場出來的數字之後帶到會議室裡做情勢的判斷。此外，就算異動到其他部門或者開拓新事業，只要是懂得隨機應變的人，施展長才的機會就會不斷到來。

　筆者認為這才是熟悉商務數字最大的好處和重點。

結合主觀與客觀，「答案」就會產生變化

　　雖然用數字思考是「客觀」，但是跟「主觀」結合的話，就能夠導出更適合現場需求的數字。

　　此處也將那位「今天下雨就減少便當和炸物」走思路捷徑的店長為例，來思考一下吧！

　　例如，當我們知道「下雨天傍晚青少年客人會減少6成」、「傍晚來的青少年客人有7成會買便當或炸物」、「傍晚買便當和炸物的客人之中，青少年所占的比例是2成」時，就可以用「數字」來計算應該要減少的數量是多少（圖1-20）。

　　讓我們先客觀地思考，如果傍晚有100個高中生來店裡，那麼正常來說其中會有70人買便當或炸物（100人×7成），但是現在因為下雨，所以100人裡面會有60人不來，因此60人當中的7成，也就是42人（60人×7成）就不會過來買便當或炸物了。反過來說，就會有剩餘的28人買便當或炸物。

　　但是，真的這樣計算就好了嗎？這時店長的主觀就登場了。如果傍晚有100個高中生來了，其中70個學生買便當或炸物，這部分和店長主觀的感覺是一樣的。可是根據店長的主觀，那70個人都是

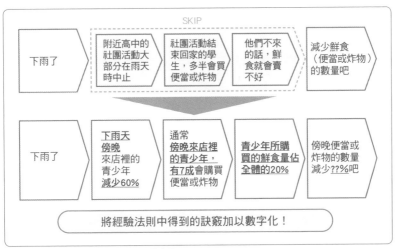

圖1-20：把思路跳過去的部分用數字來表示

「社團活動結束而返家的高中生」，因下雨而不來的 60 人都是「社團活動結束而返家的高中生」。

如此一來，平常買便當等鮮食的 70 人之中，下雨天時有 60 人不會來，也就是說，買便當或炸物的客人只剩下「10 人」而已（圖 1-21）。

像這樣，「結合主觀和客觀」的思考方法，在商務現場中使用「數字」的時候非常重要。

能幹的人擅於使用數字與他人進行溝通。此外，能幹的人也不容易隨數字起舞，而能夠揉和主觀的「直覺、經驗、嗅覺」，展現出更具彈性的溝通。

雖然內容有點難，但請先好好理解本章解說的內容，因為這些都是在商務上使用數字的「大前提」。反過來說，如果到這裡為止的內容都能夠理解的話，掌握數字的基本技巧就已經學會了。

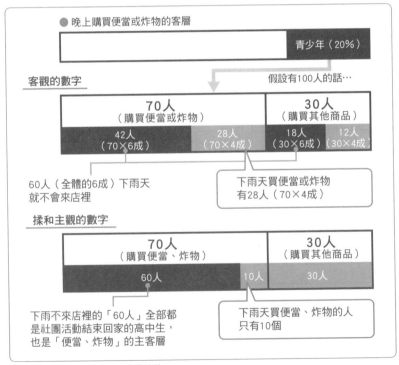

圖 1-21：主觀＋客觀的組合是最強的

第 **2** 章

看數字和處理數字
的正確方法

如前章所述,只要和商務有關,

就不得不去接觸的事物是數字。

在商務所在之各式各樣的部門,

存在著各式各樣的數字。

而本章要來探討的是,

這些數字「是為了什麼而看的呢?」

01 數字是為了「找出疑點」而看的！

看數字的目的有 2 個

雖然有很多人「只看數字就頭痛」，但首先請思考「為什麼要看數字？」。

看數字的目的大致上有 2 個。

一個是「用數字正確地掌握事情，並『找出疑點』」。另一個是「『驗證』自己的想法是不是正確的」。

為了便於理解這兩種目的，首先介紹「看數字時應該有的思考順序」。

用數字思考時的順序應該要按照「①找出疑點」→「②假說構築」→「③驗證假說」→「④找出新的疑問」→「⑤深究疑點」→「⑥找出疑點（再一次）」的假說驗證模式下進行（圖 2-1）。

看下表就知道，看數字的動作只在「找出疑點（①和⑥）」和「驗證假說（③）」而已。雖然其他步驟也不是跟數字完全沒有關係，但

順序	概要	備考
①找出疑點	從數字當中隱約察覺到疑點	在平時觀察數字的時候，注意是否產生特別的變化。找出讓您腦中浮現出「欸？」的疑點。
②假說構築	根據疑點建立「假說」	思考為何會發生這種奇怪的變化，疑點產生的理由是什麼？
③驗證假說	驗證假說是否正確	用數字來判斷「疑點」發生的原因是否和之前的假設相符？
④找出新的疑問	從驗證結果找出新的疑問	無論假說是否正確，思考是否有疏漏的地方或是否還有其他的切入點。
⑤深究疑點	針對新疑點進行深度思考	從新疑點來思考其他切入點，使用與自己經驗法則不同的方式來掌握事物。
⑥找出疑點（再一次）	用更深入的角度看數字，找出不對勁的地方	從疑點出發，增加觀看數字的深度，將數字的分解單位做得更細，並找出不對勁的地方。

圖 2-1：**看數字時的思考順序**

是那些工作並不需要把數字放在眼前看。例如通勤中或洗澡時也可以在腦中思考。但是,「找出疑點」和「驗證假說」就必須針對數字認真地反覆思索。

「能不能找出疑點」是很大的關鍵

在這一連串的流程之中,「找出疑點」是最需要數字敏感度的步驟。

看數字就「能找出疑點」的人,能夠把發現之處與自己的業務聯合起來思考。從「為什麼會出現這數字?」的疑點建立假說,接下來自然就能夠用數字加以驗證假說是否正確。

另一方面,「不能找出疑點」的人會漏掉資訊。「只把數字當數字看」,不擅長理解當中所藏的涵意並加以深思。就算得到再多的情報也沒有辦法處理,所以能夠得到新的想法也不多。

這樣的人,就算想出什麼新點子,通常也容易缺乏驗證就輕率提出。

因為他將擺在眼前的數字與自己的業務看成沒有任何關聯的事物,就自然不會把有關業務的點子「用數字驗證」(圖2-2)。

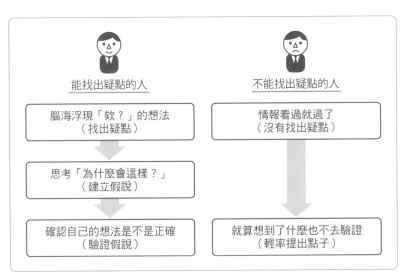

圖2-2:能找出疑點的人,不能找出疑點的人

為了找出疑點需要「基準」

那麼,要怎樣成為「能找出疑點」的人?答案很簡單,那就是「持有基準」。例如「吉田先生的身材很高大」或者「發泡酒很便宜」這兩句話中,「身材高大」以及「便宜」應該是以某個基準比較出來的數字吧?

「吉田先生的身材很高大」這句話,可能是以「自己的身高」為基準,而「發泡酒很便宜」,則也許是跟「啤酒的價格」來比較。像這樣只要設定出「基準」,就容易有所發現。「找出疑點」的第一步是自行設定某個基準,並請用自己的方式去解釋該數字的變化 (圖 2-3)。

在商務現場,很多人肯定根據自己的經驗法則而衍生出一套基準。例如有的時候會覺得「以往星期一早上結帳的人很多,但是今天卻很少」或「本月有很多申請資料的客人」等等,這些就是根據自己心中「基準」而產生的感覺。

但是在許多情況下,這種「疑點」是很主觀、抽象的。由於「定性的事物」,難以傳達給他人,也難以應用於其他狀況。**所以此處很重要的是要以數字為基準,亦即設定「定量的基準」。**

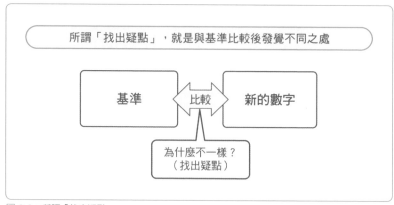

圖 2-3:所謂「找出疑點」

定量的基準可以由以下 3 個方法來設定。

①持續看同樣的資料（自行設定「定量的經驗法則」並以此為基準）。

②以「特定期間」的資料為基準（固定「對象」但改變期間）。

③設定「比較對象」並以此為基準（固定「期間」但改變對象）。

接下來，讓我們來看每一項方法的詳細解說吧！

建立基準①持續看同樣的資料

第一項「持續看同樣的資料」的方法是建立基準的「王道」。一直反覆觀看同樣的數字，就容易找到自己心中「總覺得應該這個樣子才對吧？」的數字法則。

讓我們以觀看日銷售額的資料為例吧！「週末的銷售額比平日少」之類的訊息在報表上很容易看得出來。

如此一來，現在就能預測「下週末的銷售額大概也比平日還低吧」。要是下週末實際的銷售額真的比較低的話，就會有「果然如此」的感覺。

但過了週末，平日銷售額沒有增加的話，就會有「怎麼會這樣？好奇怪啊！」的反應吧。**這就是把「平常應該這樣」的情況為基準而進行比較，然後察覺到疑點的例子**（圖 2-4）。

這樣的基準是在工作經驗之中慢慢累積的。這裡很重要的一點，是根據每天所看到的數字，將主觀的感覺（定性的感覺）漸漸地與實際商務上的情況相吻合。數字是不會說謊的。先前舉例的「星期一早上結帳的客人很多」或「本月有很多申請資料的案子」之類定性的感覺也是，以結帳人數或申請資料數的定量數字來佐證就會成為量化的基準。

反過來說，**明明覺得「結帳的客人應該很多」，結果客觀的數字與平常結帳人數一樣的話，就會有不對勁的感覺**。

當然，可能那天「因為有打收銀機速度很快的兼職員工，所以今天結帳的效率很好」的情況發生。這時就可以看「每一台收銀機的結帳數」，來確認感覺是否正確。

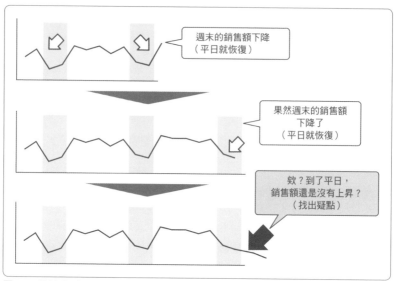

圖 2-4：持續看同樣的資料

　不管如何，依賴輕率的感覺，而做出類似「結帳人數沒有比平常多，所以銷售額應該很少」的錯誤判斷是最危險的。

　總的來說，**「平常每天觀看數字來累積定量的經驗法則，可以加強自身業務的訣竅」**以及**「藉著疑點的找出，經驗法則也隨之多樣化、強化」**這兩點，應該是這方法最大的好處。

　但是，這方法也有困難要克服。**最大的難關是從開始到完成「基準」需要龐大的時間。**持續地收集需要的數字，再持續觀看，然後找出其中的規則或法則，不是嘴巴說說那麼簡單。各位應該很容易想像這需要相應的時間和努力。

　此外，另一個難題是**「用數字強化經驗法則，更容易造成『根深蒂固的迷思』（僵化的思考方式）」**這點也必須特別注意。

　這種「根深蒂固的迷思」很危險。數字每天都會變化，有時候所設定的「基準」並非未來每一個時點都適用。「基準」並不是固定的，而是要務求時時更新（圖 2-5）。

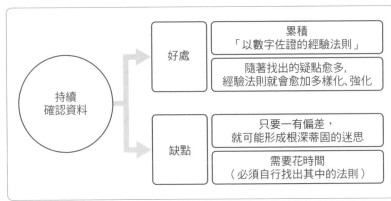

圖 2-5：持續看同樣資料的好處和缺點

建立基準②以「特定期間」的資料為基準

第一個「持續看同樣的資料」的方法亦即「在自己『內側』的心中建立基準」。但是如果考量到「一走偏就會形成根深蒂固的迷思」、「從開始到建立基準需要花很多時間」之類的缺點，那麼不在自己內心，而是在「外側」尋求基準就顯得比較單純。

這種「在外側建立基準」的方法，是建立基準的第二、第三步。亦即「以特定期間的資料為基準（固定對象但改變期間）」以及「設定比較對象並以此為基準（期間固定但改變對象）」這兩個方法。

在此我先來解說一下前者，「以特定期間的資料為基準（固定對象但改變期間）」。

這方法的概念非常簡單。比如說你在確認某部門每星期的銷售額。不用說，一定是起起伏伏的圖表。在觀看數字的時候，拿「當月（最近 4 星期）」和「作為比較的『其他 4 星期』」相比，就是採取固定對象而改變期間（亦即現在 VS 過去）的方法。一般來說「和前月比較＝前月比」以及「和去年同月比較＝去年同月比」的情況很多。

現在讓我們來思考去年同月比（如果現在是 5 月，就跟去年 5 月比較）的例子吧！首先當然應該確認的是**「比較對象期間（本例是去年同月）」**和**「當月」**的銷售額，哪一個比較大。然而若只以「銷售額好像比去年增加」就結束，就無法獲得值得深研的「疑點」。

於是，接下來就把數字分解得更細。使用「以商品別分解來看」的王道，來將 4 個星期的銷售額分解成該部門的管理商品 A、B、C、D。這麼一來，**應該就可以清楚比較出和去年同月比，現在哪個商品賣得比較多，或是什麼商品的銷售額減少了。**

而且使用銷售構成比例的棒形圖的話，就可以用視覺化的方式，看出每個商品所佔的比例變化。這樣就能掌握該部門和 1 年前相比，什麼商品的重要性增加了（或是減少了）。

圖 2-6 是比較結果的例子。如果從這張圖來看的話，就可以了解以下資訊。

● 部門銷售額比去年增加了。
● 商品 D 增加得很明顯。
● 商品 C 在部門的重要性增加了。
● 商品 B 在部門的重要性減少了。

運用這種方法，只要對象（相同部門、相同商品等等）有時間上的序列數字，就能夠進行比較。不需要花費很久時間在內心建立基

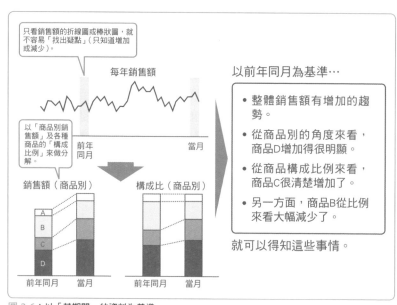

圖 2-6：以「某期間」的資料為基準

準。因為是任意比較「過去」和「現在」，所以能夠免去各種煩惱。

因為只是集中觀察兩個期間之內有什麼差異，所以這個方法推薦給那些不習慣看數字的人。

建立基準③設定「比較對象」並以此為基準

接著介紹建立基準的第三個方法，亦即「固定期間改變對象」的方法。這方法因使用同一期間的同一數字，所以應該看的重點變得很單純。

請看圖 2-7。假設這裡有自己負責的分公司和其他 A ～ D 這 4 家分公司的銷售資訊。

首先為了掌握全體，來比較每家分公司的銷售額吧！各位可以看到 D 分公司的銷售額最大，B 分公司最小。自己負責的分公司與 A 分公司、C 分公司這 3 家差不多類似。接著，以商品別來分解吧！如此一來，就能夠知道 D 分公司的既有商品的銷售額非常多，但新商品的銷售額卻幾乎沒有。

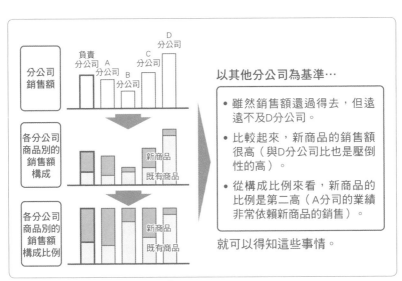

圖 2-7：設定「比較對象」並以此為基準

如果只看新商品的銷售額，**就可以理解自己負責的分公司和 A 分公司、C 分公司都非常努力。**

確認商品銷售額構成比例的棒形圖，這趨勢就會更加明顯。而且，也能夠看出負責的分公司和 A 公司，比 C 公司更加強銷售新商品。再者，比較其他分公司就可以客觀判斷自己分公司的狀況。這就是「設定比較對象並以此為基準」作法的例子。

這樣一來的話，**就可以理解「負責分公司在全體企業之中位居什麼樣的定位」**。這方法可以很快的知道自己分公司的銷售額高還是低，新商品所佔比例較大還是較小。

這方法也因為用「其他分公司」作基準，而能夠將焦點放在「它們和自己分公司之間有什麼區別」，所以省去累積訣竅用的準備期間。如果可以收集複數分公司（或複數部門，複數商品）的數字，就成為能立即使用的比較方法。

但是「自己部門」和「比較對象的其他部門」或者「自己店鋪」和「比較對象的其他店鋪」、「自己商品」和「比較對象的其他商品」等等，比較對象增加之後應該特別小心。

收集數字之後，雖然接下來所做的都是一樣，使用時序變化的序列數字做比較，但若要以同樣粒度的方式來收集數字，則是出乎意料的麻煩。請在熟悉全部的作法之後，再慢慢增加比較對象。

只找出「與基準之間的差異」便無法「找出疑點」

就如同到目前為止的解說，「以特定期間的資料為基準」及「設定比較對象並以此為基準」都比「持續看同樣資料」的方法還單純。不過有件事請各位一定要特別注意。

後兩種方法，**只能夠看見「差別」而已，無法「找出疑點」**（圖 2-8）。

建立好基準若只是用來比較的話，就只能發現「事實的差異」而無法產生後續動作。光這樣是沒辦法「找出疑點」的。

　　仔細著眼這些「差異」之後，能不能思考「是不是有些地方怪怪的？」、「是不是發生跟平常不太一樣的事情？」，也就是說**「能不能察覺出不對勁」才是可否找出疑點的最大關鍵**。

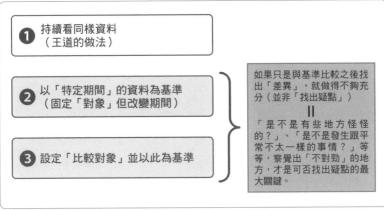

❶ 持續看同樣資料
　　（王道的做法）

❷ 以「特定期間」的資料為基準
　　（固定「對象」但改變期間）

❸ 設定「比較對象」並以此為基準

> 如果只是與基準比較之後找出「差異」，就做得不夠充分（並非「找出疑點」）
>
> ‖
>
> 「是不是有些地方怪怪的？」、「是不是發生跟平常不太一樣的事情？」等，察覺出「不對勁」的地方，才是可否找出疑點的最大關鍵。

圖 2-8：即使建立了基準，也不一定能「找出疑點」

與應該「相似（或不同）」的事物相比，就可以循線「找出疑點」！

▎只要依循方法步驟就可以「找出疑點」

先前解說為了找出疑點，心中存有基準是很重要的，但若只找到「差異」還不算是「找出疑點」。為了找出疑點必須要培養發覺「不對勁」的敏感度。那麼，這裡將詳細解說如何「找出疑點」的方法。

圖 2-9 是找出疑點的步驟流程簡圖。看這個就知道首先應該要收集「數字」，做為比較時的大前提。此時，**別忘了「統整數字的種類」和「統整數字的分解單位」**。

關於「種類」和「分解單位」在第一章也已經解說了。「種類」是指「銷售額、利潤、成本」或「每個顧客的銷售額、顧客消費單價」等數字的構成因素。另外，「分解單位」是表示「商品別」、「部門別」等粒度（當然這裡也包含「年單位」、「月單位」、「星期單位」等，時間軸的分解單位）。

在第一章已經提過，沒完全統整出定義的話，數字就不是共通語言，沒辦法客觀地進行比較。

事前「統整數字」的工作完成的話，就能進入下個步驟。

那就是，**「選擇應該相似（或不同）的比較對象」。事實上這才是得到「疑點」的最大重點**。

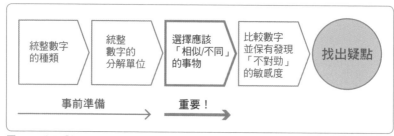

圖 2-9：為了「找出疑點」的方法步驟

比較相似（不同）的「對象」而找出疑點

將應該相似的東西加以比對，結果沒有想像中相似的話，就會覺得「很不對勁」吧。

反過來說，如果將應該不同的東西加以比對，結果兩者卻相似的話，肯定會很吃驚。

例如我們來思考男性和女性之間，「應該相似」和「應該不同」的事物吧！雖然應該有很多東西，但是就以男女性應該相似的「智商」來舉例吧！

一般來說，應該沒有人認為「男性的智商比女性差」或「男性的智商比女性好」。就算彼此之間有差距，但也是個人的問題，與性別無關。

可是若經過研究，**發覺「男性和女性之間有明確的智商差距」的話會怎麼樣**？肯定會是一篇非常聳動的新聞報導了。因為結果讓人「出乎意料」。

接下來討論「應該不同的地方」吧！男性和女性之間「應該不同的地方」可以舉「體力」為例。很多運動都男女有別，這是因為兩性的骨骼構造及肌肉量不一樣，亦即是以「體力」差距為前提而所做的考量。

然而，如果研究結果表明「其實男性和女性沒有體力上的差距」，這也會被視為「顛覆常識的新聞」而大肆報導吧！**這就是以「應該是這樣」為前提，結果因推翻而產生「不對勁的感覺」，成為「找出疑點」的開端**（圖2-10）。

讓我們把話題回到數字上。請看圖2-11，這是某蛋糕店1年的月別銷售額的變化情形。

左邊圖表是比較「A店的巧克力銷售額」和「同樣在A店的蛋糕銷售額」。一看就可以知道，巧克力在2月份、蛋糕在12月份的銷售額很高。2月份巧克力賣得很好的原因是受情人節很大的影響。另一方面12月蛋糕銷售額提昇的原因也是因為耶誕節的關係。

如果看這2張圖表作比較，而導出「巧克力和蛋糕的熱賣期間不同！」，相信誰都不會感到吃驚。因為巧克力在2月狂銷，蛋糕在12月熱賣是理所當然的事。**也就是說，比較「原本就不一樣的東西」**

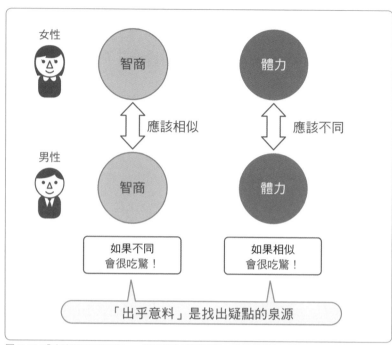

圖 2-10：「應該相似的卻不同」、「應該不同的卻相似」就是「疑點」所在

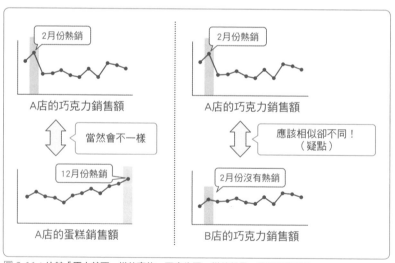

圖 2-11：比較「原本就不一樣的事物」而產生不一樣的結果，是理所當然的

是沒有意義的。

接下來，請看右邊的圖表。這張圖表是比較 A 店的巧克力銷售額和 B 店的巧克力銷售額。

一般來說，兩家應該都會在有情人節的「2 月份」提升銷售額。 但是，B 店的 2 月份銷售額卻沒提升那麼多。

如此一來，因為「應該相似卻不同」，所以不由得讓人感覺「不對勁」。 難道是 B 店在情人節大戰的時候失利嗎？還是因為內部整修而錯過銷售機會？通常會做這樣類似的猜測吧。**這就是「比較應該相似的事物卻發現『疑點』的例子」。**

反過來說，如果「應該不一樣的事物」一樣的話，那也會令人吃驚吧！以這張圖的例子來看，我們知道「巧克力在 12 月賣得非常多」以及「蛋糕在 2 月賣得非常好」。本來巧克力和蛋糕銷售的方式就不一樣，**要是這兩種都用非常相似方式販售的話，就可以思考「是不是發生和平常不一樣的事情才導致這樣？」。**

其實這個做法是 P.63 頁介紹的「設定比較對象並以此為基準」的方法延伸。設定「應該相似（或不同）的『比較對象』」而進行比對之後，然後就能夠找出「疑點」了吧。

另外，這想法針對同樣的商品、部門，在「不同期間的比較」時也同樣可以適用。接下來我將解說這點。

▌比較「應該相似（或不同）的期間」而找出疑點

就如同先前所提的「2 月巧克力熱銷」的例子，比較 2 月份銷售額和 12 月份銷售額的意義不大，因為不一樣是理所當然的。

因此，像這樣的季節性商品，應該跟去年同月份比較才對。也就是說，**應該要比較「情況相似」的期間吧！**

這麼一來，就能夠有「今年 2 月份的銷售額比去年 2 月份提高還是減少？」等觀看數字的角度。此外，用這種方式比較，應該可以看到「去年賣的是今年的 1.3 倍」或「雖然去年 1 月成長 1.8 倍，但是今年 1 月還停留在 1.4 倍」之類的資訊。

知道這項情報之後，自然就能察覺出「不對勁」，並且有「這不是應該要賣得更好嗎？」的想法。

或者，把本來「不相似的期間」改成以「應該不相似」的前提來比較的話，或許會有意外的發現。

　就像先前斷定「意義不大的」的巧克力銷售額 2 月和 12 月份的比較，如果更細分析到商品別的話，就可能看得到不同的東西。

　例如，雖然「生巧克力」在 2 月份的銷售額壓倒性佔多數，但是「巧克力點心」就不知道為什麼 2 月和 12 月完全沒有差異。

　理論上巧克力點心應該也是一樣，2 月的時候賣得比 12 月好。可是這兩個月份卻相同，就表示**「應該不同的卻相似」**，所以就可以引**發我們去思考「可能在情人節的時候餡餅點心的銷售不好」或「這有可能是 A 店的個案事件，其他店也調查一下吧！」**（圖 2-12）。

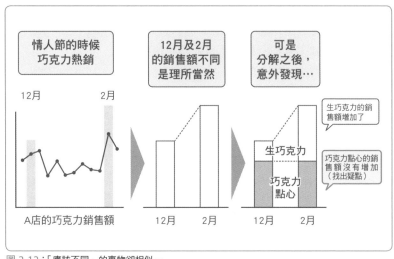

圖 2-12：「應該不同」的事物卻相似…

03 比較應該用「減法」和「除法」來進行！

到目前為止，我介紹了有關「找出疑點」的步驟。不過，雖然先前出現過好幾次「比較」這個詞彙，但漫無目的比較也做不出好結果。所以接下來要介紹比較數字的「訣竅」。

以概念來說，**「比較」有的時候用減法思考，有的時候用除法思考**。只要好好使用這兩種方法，就能夠掌握大部分的「差異」。以簡略的方式來說，減法是以「絕對值」做比較，除法是以「相對值」做比較。

首先來看看使用減法的比較。在銷售額 100 萬元的店和銷售額 120 萬元的店之間，其差異以「120-100」計算是 20 萬元。同樣，銷售額是 1,000 萬元的店和 1,020 萬元的店也是一樣，這兩家的差異是以「1,020-1,000」計算為 20 萬元。也就是說我們可以知道，「差異的程度是一樣的」。這就是使用絕對值所做的比較。

那麼另一方面，用除法的比較又是如何呢？以上述的例子來看，因為 100 萬元的店和 120 萬元的店，以「120÷100」計算是 1.2 倍，所以就知道「有 20% 的差異」。此外，1,000 萬元的店和 1,020 萬元的店以「1,020÷1,000」來計算是「1.02 倍」，所以就能得知「有 2% 的差異」。**也就是說用相對值的方式比較的話，就可以看出「差異的程度是明顯的」。**

理解這兩種思考方式，然後根據狀況來選用是很重要的。這是因為**在進行「與對象比較」或「改變期間來比較」時，減法和除法的意義就會有所不同。**

使用「減法」時，與對象比較是在看「差距（差異的程度到底有多大）」，另一個改變期間來比較，則是看時序數列的「變化量（增加或減少的程度）」。

而使用「除法」的話，跟對象比較是在看「比率（兩者之間的倍數關係）」，另一個改變期間來比較的話，則是看時序數列的「變化率（會有多少的比例變化）」（**圖 2-13**）。

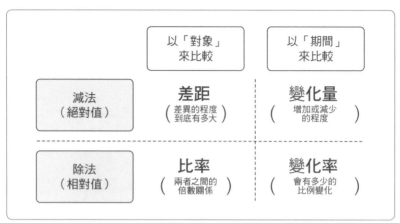

圖 2-13：在「以對象來比較」與「以期間來比較」的方法中，減法與除法有不同的解釋

　　有一個應該注意的地方是，以「期間」來比較時，「基準」是一定落在過去。因為以商務來說，現在比過去更重要。所以**我們比較常關心「與去年相比的絕對值、相對值，有多少的增加、減少？」**。也就是說，常常使用「現在-過去」、「現在÷過去」的計算式。

　　此外，以「對象」來比較時，比較對象（例如「自己的店」與「對手的店」），不管哪個都可以成為基準，根據商務上要以哪個角度來思考而做變化。是想要知道「我們比對手銷售多○○萬元」呢？還是「對手比我們銷售少○○萬元」？依據如何去解讀目前問題的狀況而有所不同。想要強調贏過對手的話，就應該會說「自己店的銷售額比較多」，如果研究過對手成本結構的話，就應該會說「對手的銷售額比較少」。

　　這種以減法（絕對值）的方式來表示時，不管是以自己的店還是以對手來做基準，並沒有多大的差異，但要是**以除法（相對值）來表示的話，就會有很大的差異，這點要特別小心**。

　　例如比較「80」和「104」時，基準是 80 的話，104 就是「1.3倍」的數字（104÷80=1.3）。也就是說，這兩個數字的差異是30%。

　　另一方面，基準是 104 的話，「80」就是「0.77 倍」的數字（80÷104=0.77）。

　　也就是說兩者的差異是 23%（不是 0.7）。

　　若是作為數學題目來思考的話，會覺得理所當然。但是**在商務的**

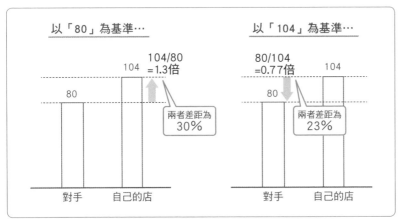

圖 2-14：用除法計算時，「基準是什麼」很重要

現場，卻很容易被晃過。在思考如何提升銷售額時，數值目標訂在 23% up 還是 30% up，兩者就有很大的不同。因此**在做除法計算的時候，一定要清楚確定自己到底「要以哪一方為基準？」**（圖 2-14）。

把「比較結果」彼此再做比較也很有趣

比較兩者的方法就如同前述，但這裡再做更進一步的思考吧！我們**把「比較結果」彼此再做比較看看**。例如，有家餐廳在日本、美國都有很多分店。東京店的 1 天銷售額是 30 萬元，大阪店是 60 萬元。另一方面，美國紐約店的銷售額是 72 萬元，舊金山店的銷售額是 58 萬元。

這時，以減法來比較的話，東京 VS 大阪的差距是 20 萬元，紐約 VS 舊金山的差距是 14 萬元。以除法來比較時，東京是大阪的 1.33 倍，紐約是舊金山的 1.24 倍。不管以減法來比較還是以除法來比較，「東京和大阪的差異」比「紐約和舊金山的差異」更大。只看這些數字的話，就應該會覺得「大阪要趕上東京比舊金山要追上紐約好像更難」（圖 2-15）。

接著這家餐廳，這次把縮小面積的新型態連鎖店開在名古屋和博多。名古屋店的 1 天銷售額是 21 萬元，博多店是 14 萬元。比較之間差異的話，以減法來算，名古屋 VS 博多的差距是「7 萬元」。以

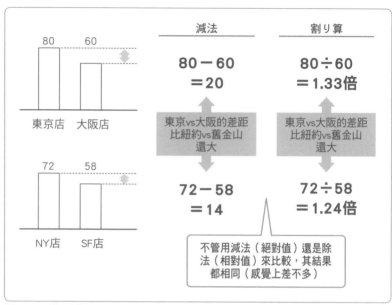

圖 2-15：規模感「相同」的情況下，不管減法還是除法的比較，結果出來的感覺都差不多

除法來算，名古屋 VS 博多的差距是「1.5 倍」。

以減法來算的話，名古屋和博多的差距（7 萬元）比東京和大阪的差距（20 萬元）還小。因為是 20 萬元和 7 萬元，所以大約是 3 分之 1。**但是以除法來算的話，「差距」的大小就會逆轉。**東京是大阪的 1.33 倍，名古屋卻變成博多的 1.5 倍（**圖 2-16**）。

這麼一來，究竟是大阪店要趕上東京店比較困難？還是博多店趕上名古屋店比較困難，就不容易判斷出來了（以個人來說，比率 1.5 倍的差距感覺比較難追）。

像這樣，**當我們把比較出來的各個結果之間再做比較，要決定採用減法（絕對）還是除法（相對），是非常關鍵的要素。**

比較結果的時候，像「東京店 vs 大阪店」、「紐約店 vs 舊金山店」這種規模感相近的比較對象，不管用減法（絕對值）還是除法（相對值），感覺上不會有太大的變化。

然而，像「東京店 vs 大阪店」、「名古屋店 vs 博多店」這種**規模感不同之間的比較結果若再進行比較的話，「相對值」就是格外要特別注意的地方。**

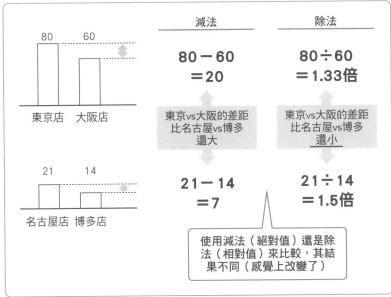

圖 2-16：規模感「不同」的情況下，採取減法或除法來比較，結果出來的感覺會不一樣

注意比較的「陷阱」

雖然之前提過「規模感不同的事物要互相比較的時候，相對值的重要性會增加」，但那當然不是「只看相對值就好」的意思。**看相對值之前，一定要先確認絕對值**。只看相對值來判斷的話，可能無法正確理解原本數字所表示的意思。例如我們看到一則廣告說該產品是「唯一就算吸再多垃圾，吸力也不會降低的吸塵器」，如果要把這句話用相應的圖表來呈現的話，會是「以沒吸到垃圾時，吸力視為100％，接著觀察吸力與吸到的垃圾量之間有什麼變化」。如果就像廣告詞所說的，這個圖表將是其他公司吸塵器的吸力會大幅降低，但這家公司的吸塵器「即使吸了垃圾，吸力也幾乎沒有變化」（圖2-17）。

但是，如果把這張圖表改成絕對值會如何呢？**說不定會驚訝地發現，「雖然的確沒有降低，但是原本就不高」的事實**。若只看相對值的話，可能就會漏掉這項情報。

筆者曾經參加過一位經營者名人的演講，對方用圖表來表示「這

項新興產業將會有爆發性的成長，它的成長率是歷來所有產業都比不上的」。但那時筆者就好奇「如果以絕對值來看會怎麼樣？」該不會是「確實會有爆炸性的成長，但以絕對值來看還趕不上舊有的產業。」（圖 2-18）。

就像這樣，如果只看相對值的話，就會有被誤導的風險。**請各位要時常留心「先以絕對值來掌握資訊」，然後再「以相對值確認有什麼『不對勁』的感覺」這樣的程序來接觸數字。**

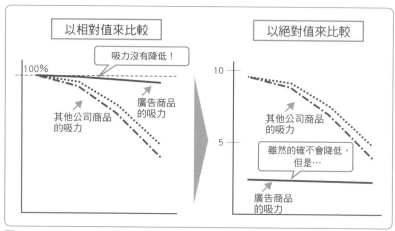

圖 2-17：只看相對值容易產生誤會（以吸塵器為例）

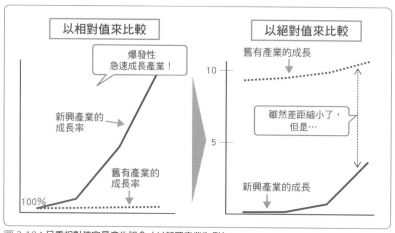

圖 2-18：只看相對值容易產生誤會（以新興產業為例）

04 關於圖表，只要學會「棒形圖」和「折線圖」就OK！

主要使用的圖表有 5 種

到目前為止介紹了「操作數字」以及「看數字」的方式，一般來說這種行為叫做「分析資訊」。雖然是非常普及的詞語，但感覺上，分析資訊或者以資訊分析，並沒有明確的定義。（順帶一提，個人覺得在商務上應該以資訊分析。）

說到「分析資訊」，也許有人會覺得是在資訊上運用多種技巧，但如果只限於一般商務現場的話，就不需要那麼費工夫。

例如，要把「比較」的結果視覺化並分析的時候，製作圖表是王道，而且在商務上最主要使用的圖表就只有「棒形圖」、「折線圖」、「散佈圖」、「圓形圖」這 5 種而已。

學會這 5 種圖表就已經足夠了，說更仔細點，就是個人覺得**只要學會「棒形圖」和「折線圖」，在實際商務上就幾乎不會有不夠用的情況發生**（圖 2-19）。事實上本書到目前為止，也只使用「棒形圖」和「折線圖」而已。接下來將說明為什麼這兩種圖表就足以應付大部分的情況，不過首先簡單介紹這 5 種圖表的特色和運用的主要時機。

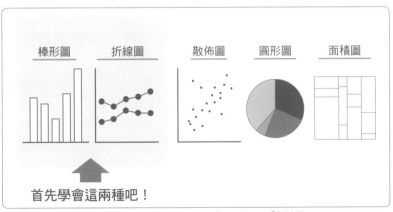

圖 2-19：所使用的圖表最主要有 5 種，首先要學會「棒形圖」和「折線圖」

棒形圖適合用來看「量」

因為棒形圖有「寬度」，所以很適合用於「量」的視覺化。因為人的眼睛並不如想像中精確，如果只用線的長度來表現「量的多寡」，在直觀上並不容易了解。然而棒形圖有「寬度」，除了長度以外還有「面積」，所以容易直覺地想像「量」。

折線圖適合用來看「變化」

折線圖適合看變化，因此**我們常把「時間」置於橫軸**。此外，折線圖也很適合表示「非數量的事物」。例如，因為「利潤率」不是一種數量，所以用棒形圖就會有不對勁的感覺。因此，用折線圖表示會比較好。

散佈圖適合用來看「相關關係（分佈）」

散佈圖適合看「相關關係」或「分佈」。製造散佈圖時若「點的分布程度」形成粗略的直線或曲線的話，彼此有相關關係的機率很高。此外，雖然可以用散佈圖把各種因素的關聯性以「配置（座標）」表示，而且還能夠以每個點的大小來表示「量」，但因為想說的重點會變模糊，因此個人並不推薦。

圓形圖適合用來看「比例」

圓形圖適合用來看比例。整個圓表示 100％（或者 1.0），所以半圓的話就表示 50％（或者 0.5），四分之一的話就表示 25％（或者 0.25）的意思。像這樣，為了讓看圖表的人能夠直覺理解比例大小，圓形圖是最適合的（一般會把比例按大小順序排列）。

但是有的時候，會看見有人把複數的圓形圖擺在一起，來表示「大小的差異」，因為不容易理解，所以本人並不推薦。就如之前所說，因為人的視覺並不精確，所以「要用視覺去判斷圓餅的大小」是出乎意料的困難。再者，也會讓觀看的人心中產生「右邊圓的大小到底是左邊圓的幾倍？」之類沒有必要的疑問（結果還是直接看圖表裡寫的數字來加以判斷）。

面積圖適合同時俯瞰「量和比例」

面積圖就像是把複數的棒形圖組合在一起。棒形圖中「各種因素的縱高」以及「橫寬」都能夠用來表示「量」。使用這種圖表就容易表示「什麼因素佔有多大程度（數量和比例）」。

但之前也提過好幾次，人的視覺並不精確，例如要立即判斷長方形和正方形，哪一塊面積比較大並不容易。所以有的時候想要使對方「了解某件事物」，卻反而適得其反。

▌想要找出疑點，用簡單的圖表就好

方才簡單地介紹了 5 種圖表的概要，可以知道棒形圖和折線圖這 2 個是 5 種之中結構最簡單的圖表。棒形圖和折線圖通常其中一軸已經固定了。棒形圖的縱軸常常表示「數量的大小」，折線圖的橫軸常常表示「時間的經過」。所以只要知道另一軸表示什麼，就能理解圖表所要表達的內容。

也就是說，「觀看的人能夠馬上進行內容的討論」。

另一方面，散佈圖需要思考「位置關係和配置」，圓形圖和面積圖都需要理解「面積」。如此一來，進行討論之前還需要花時間去「思考到底每根軸和配置表示什麼、每個面積的大小」等等。

所以說，如果目的是為了用數字來檢查「差異」並「發現疑點」的時候，就推薦儘量使用「棒形圖」或「折線圖」。**無謂地使用複雜的圖表來思考，大多數的情況都是「效率不好」的做法**。首先應該採用簡單的「棒形圖」和「折線圖」，以各種單位來比較各種數字。

「那麼，到底什麼時候要使用散佈圖、圓形圖和面積圖？」應該有人會提出這樣的疑問吧？

這些圖表若是應用於製作「報告資料」時可以盡情使用。如果想把「找出疑點」的內容和他人共享時，使用散佈圖、圓形圖、面積圖的話，就可以把訊息明確無誤地傳達給對方。

總而言之，這些圖表不是為了讓自己「找出疑點」，而是在「向他人說明，希望對方能夠**理解自己想傳達的事情**」的時候，發揮更多的效用（圖 2-20）。

第2章 看數字和處理數字的正確方法

首先看棒形圖和折線圖並「找出疑點」。然後向同事或上司報告時，（按需要）加工為散佈圖或圓形圖、面積圖。我覺得這樣的方法是最具有效率的。

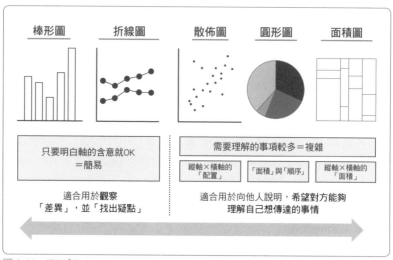

圖 2-20：想要「找出疑點」的時候，使用簡單的圖表就好

05 活用「棒形圖」與「折線圖」!

　　方才提到的是，想要將數字圖表化而「找出疑點」時，並非無意義地使用複雜的圖表，而應該儘量使用「棒形圖」和「折線圖」。接下來要介紹的是活用棒形圖和折線圖的方法。首先從棒形圖開始。

　　先前已經說明了棒形圖是適合用來表現數量，所以**棒形圖的縱軸常常是「數量的大小」**。長條愈高就表示「數量愈多」。因為棒形圖在解讀時，只須思考「橫軸擺了什麼？」或者「表示什麼意思？」就行了，所以非常簡易。

　　那麼，「橫軸」上該擺什麼才好呢？**舉幾個橫軸的代表性例子，就是「要素」、「時間」、「範圍」等等**（圖 2-21）。

　　所謂「要素」是指「分公司、分行」、「商品、商品分類」之類「想比較的單位」。例如，於橫軸設定「A 店、B 店、C 店」的要素，在縱軸設定「銷售額」的話，就會知道在「C 店的銷售額最低」、「E 店的銷售額最高」等等。

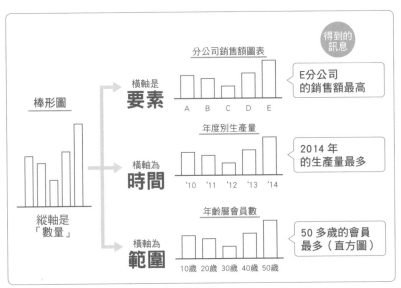

圖 2-21：棒形圖的橫軸不同，看到的東西也不一樣

另一方面，把「時間」設定於橫軸的話，就能追蹤「變化」。在縱軸設定「生產量」的話，就能夠產生「什麼時候生產了多少」的圖表。例如「2014 年的生產量最多」、「2012 年的生產量最少」等等。順帶一提，時間的單位是依據行業別等狀況來適當做調整的。如果是便利商店的來客人數，那麼就應該設定「日別」、「時段別」等等。

最後的「範圍」與統計使用的直方圖一樣。橫寬為「範圍」，高度表示該範圍含有的「數量」。以圖 2-21 的例子來說，把橫軸設為「年齡層的範圍」，縱軸表示各年齡層的「登錄會員數」。用這張圖就能明白「50 多歲的會員數最多」。

也許看到這裡，有些人會覺得「這不是理所當然的事嗎？」，但實際上不明白這種理所當然的事卻大有人在。

只用棒形圖也可以做各種分析。例如，想要對圖 2-21 所示的分公司銷售額做更詳盡的分析，該怎麼做才好呢？**這時能派上用場的就是「累積棒形圖」和「100%棒形圖」**（圖 2-22）。

例如想要調查各家分公司銷售額的「細項」，亦即「銷售額是哪些商品所累計的呢？」或「是哪些客層購買的呢？」，就可以使用「累積棒形圖」。**用這個方式，就可以將各家分公司的商務結構看清楚。**

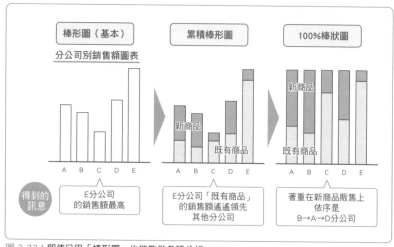

圖 2-22：即使只用「棒形圖」也能夠做各種分析

另一方面，想知道各家分公司銷售額「構成比例」的話，用「100％棒形圖」就可以了。就算是銷售額很少的分公司，也可以看出努力的方向在「按照總公司的想法販售新商品」，這對公司來說，可能會比那些大量販售既有商品的分公司，更能獲得好評。再者，以新顧客與再來客的比例做分析的話，就可以考慮讓有很多新顧客的分公司「加強營業活動」。另一方面，也可以看出「再來客的比例少是不是現場客服或其他地方有問題？」等等。

這種思考方式，不管是針對公司裡男女比例或年齡構成比例也一樣適用。**把多種分解單位組合在一起，即使要做無限細小的分析都有可能**。從無限存在的組合之中，依照「脈絡良好的順序」從「累積棒形圖」看到「100％棒形圖」，就可以發現很有意思的事情。

像這樣循序進行分析的話，即使只用棒形圖也可以充分得到「深入的洞察」。

‖ 活用折線圖

接下來，將介紹活用折線圖的方法。因為折線圖很適合用來表示「變化」，所以**橫軸常常設定為「時間」**（時間軸的走向是從左邊到右邊）。此外，用折線圖來比較時，「畫複數線條來比對」是很重要的，所以**必須仔細思考「要用線條來表示什麼？」**。基本上來說，通常是「要用來表示某個數字的大小」。

所謂「要用線來表示什麼然後進行比較」，代表性的例子是「比較相同的數字（各公司、各商品、各部門）」、「比較相似的概念＝關聯性很高的事物（販售數與利潤率、人口與 GDP）」、「比較不一樣的概念＝乍看沒有關聯的事物（氣溫與來客數、攝取酒精量與壽命）」。個別的例子表示在**圖 2-23**。

看圖就能夠了解，A 公司與 B 公司的利潤率之間，是在比較「（對象不同但）同樣的數字」，也就是簡單地在比較哪一邊較大。

另一方面，像銷售數量和利潤率這樣「相似的概念（從數字的組成來看有密切的關係）」之間的比較，就能夠解讀兩者之間的相關關

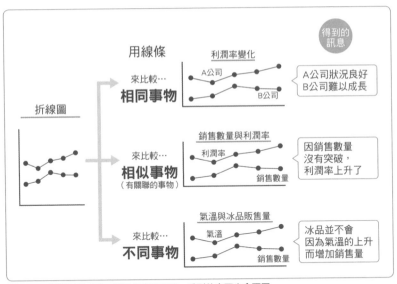

圖 2-23：折線圖的「線」表示的東西不同，看到的東西也會不同

係或因果關係。這是在「找出疑點」時非常好用的技巧（就是在 P.66 介紹過「應該相似結果卻不相同」的那種不對勁感覺，使之容易感受的方法）。

最後圖 2-23 的例子是「氣溫與銷售數量」這樣，「乍看好像沒有關聯的事物」做比較。這樣的情況，看折線圖也是很方便的。兩者之間有沒有關係，只要看圖上所描繪的波形，就能直覺感受到了。

此外，用折線圖比較數字的時候，帶入「基準點」的考量進去，看法也會跟著改變。

請看圖 2-24 的左邊圖表，那是把利潤率的變化用折線圖來表示。從這張圖來看，似乎 A 公司的狀況很好，但 B 公司的銷售額卻難以成長。

然而，以最初年份 =2010 年度當作「基準點」來看，「變化率（從基準點來看變化的大小）」，圖表所表達的訊息就有很大的變化。這就是右邊那張圖表。從圖表上看，可以得知雖然 B 公司達到顯著的利潤率改善，但 A 公司（也可以說因為原來水準就很高）並沒有那麼好的成長率。

這就是以「基準點」來看折線圖的方法。

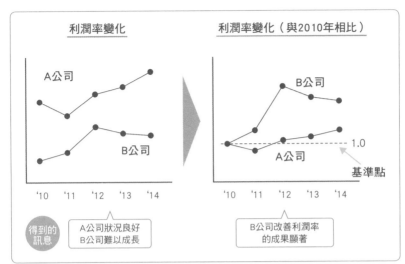

圖 2-24：設置「基準點」，「從基準點的角度來看變化率」，看到的東西也會不同

將棒形圖和折線圖組合在一起

到目前為止我介紹了棒形圖和折線圖的看法和用法，不過把這兩種組合在一起的方式也很有效果。

請看圖 2-25 的上方。縱軸設定「大小」，橫軸設定「時間」，以棒形圖來表示「銷售額」，以折線圖來表示「利潤率」。從這張圖來看，就馬上可以知道隨著時間經過，複數的因子（此例為「銷售額」和「利潤率」）是如何變化的。就像這樣，當橫軸是「時間」的時候，用來表示「量」的棒形圖跟它很合得來。

另一方面，圖 2-25 下方的橫軸不是「時間」而是「要素」，與「折線圖的橫軸是時間」的基本理念脫離了。

單單以棒形圖來看，在橫軸上擺要素也不會感到突兀，但是再加入折線圖的話，反而瞬間變得很難懂。

下圖變得難懂的原因是把「銷售額」、「利潤率」、「分公司」這三個要素用棒形圖和折線圖來表示。像這種情形（在橫軸放置要素等等），只要使用散佈圖，就能把 3 種要素的關係馬上變得明確。

雖然之前提到「只要用棒形圖和折線圖就足夠」，但那並非表示

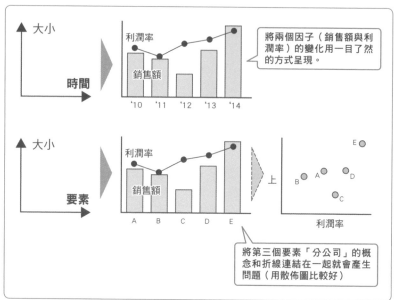

圖 2-25：棒形圖與折線圖併用

「不要使用散佈圖」。有需要的話，當然也可以使用散佈圖（只是不要濫用）。

　目前為止解說了棒形圖和折線圖的看法，但就和「不要濫用散佈圖」的意思一樣，也不需要遇到任何情況都用棒形圖或折線圖來表示。

　例如為了「找出疑點」的初始第一步，使用「表格」就已經很足夠了。請看圖 2-26。

　只看這張表，也可以感覺得出一些疑點像是「A 分公司和 D 分公司的銷售額雖然很接近，但是利潤率有些差距」、「E 分公司的銷售額和利潤率都很高」、「雖然 C 分公司的銷售額很低，但是利潤率卻很高」等等。各位當中或許也有人覺得「為什麼每家分公司的銷售額和利潤率差別這麼大？」。

　在推演思路的時候，**如果想到「難道銷售額和利潤率不一定存在相關關係？」，這就成了「假說」**。

　得到假說之後，接下來怎麼做應該很清楚吧？沒錯，就是拿各種

部門	銷售額	利潤率
A 分公司	80	2.5%
B 分公司	70	2.0%
C 分公司	40	2.8%
D 分公司	85	2.9%
E 分公司	115	3.1%

圖 2-26：不一定非得製作圖表

數字來驗證假說是否正確（這部分的驗證，使用前述的「散佈圖」也不錯）。

重要的是，要一邊看表一邊反覆思索，**千萬不要跳過「『思考』的步驟」**。雖然現在有許多方便的分析工具，但是也造成很多人**不加思索就馬上進行分析（計算）而變成「沒有想法的人」**。這樣的人往往容易犯下「只要分析就感到滿足」的毛病。

閱讀本書的各位，**請務必對「思考行為」不厭其煩，並持續培養感覺的敏銳度**。

然後像 P.59 那樣，不要太過相信感覺，謹慎的用實際資料來加以驗證，並徹底做到這點。

這個流程就是所謂的「思考假說」。熟練思考假說的話，對於商務問題的解決能力必然會有飛躍性的成長。

06 想問「為什麼？」的時候，就建立「假說」！

　　就如同 P.56 所述，用數字思考事情的順序是「①找出疑點」→「②假說構築」→「③驗證假說」→「④找出新的疑問」→「⑤深究疑問」→「⑥找出疑點（再一次）」的假說驗證模式下進行。

　　目前為止介紹了關於「①找出疑點」的方法，現在來解說「②假說構築」。

　　當進行假說構築的時候，並不需要看數字。更正確地說，光是能從數字得到的「①找出疑點」就已經很足夠，所以不需要找到新的數字（當然為了找出疑點所使用的各種數字，在進行假說構築時也可以參考一下）。

　　在得到「疑點」的過程中，必須很認真地對待數字。但是，**假說構築最重要的輸入是自己的經驗和知識**。

　　所謂假說構築就是思考「為什麼？」的工作。而且所謂假說，就是針對「『疑點』發生的理由、原因是什麼？」，**而從經驗或知識推導出「當下覺得最正確的假設性答案」**。

　　例如，在電視節目上介紹了一項「對健康很好」或者「對美容有效」的食品，結果立刻就賣完，導致每個店家都缺貨的現象是經常發生的吧？大家都把這樣的事情當成知識而記在腦海裡。

　　假設心中有那樣的認知，在看超市的銷售額時發覺「番茄汁的銷售額比上個星期多 3 倍」或者「在 20 家店中有 18 家，番茄汁缺貨了」。思考個中理由時，應該會自然聯想到「這是不是有在電視節目中被介紹？」。這就是一種假說。當然或許真正的因素在其他方面，但是假說構築的第一步就是**這樣針對「原因、理由」清楚釐清自己的想法**。

　　為什麼家族餐廳突然間有很多人點漢堡？為什麼燒肉店的客流突然間中斷了？為什麼客服中心的詢問電話在某天突然增加？像這樣，針對商務上發生的許許多多現象，**思考「為什麼會有這種事情發生？」**是假說構築的基本形。

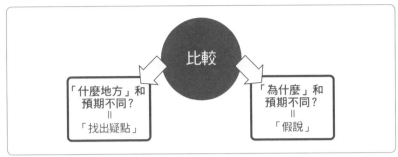

圖 2-27:「找出疑點」與「假說」的不同

雖然可能有點囉嗦，但是因為非常重要，所以在這裡先整理一下。在比較事情而發現「什麼地方和預期不同？」的疑問，就是所謂「找出疑點」。另一方面，**針對比較結果來思考「為什麼和預期不同？」才是所謂假說構築**（圖 **2-27**）。所以請對自己好好地問「為什麼？」。

∥ 把「疑點」變成「假說」的技巧

那麼，現在來思考要怎麼把「疑點」變成「假說」的程序。就如同 P.66 所介紹，「找出疑點」是比較數字，進而掌握「本來應該『一樣』的事物，結果卻不相同」、「本來應該『不一樣』，結果卻相同」等等現象。針對「疑點」思考其產生的理由就是假說構築，就算要馬上「提出最好的假說」應該是件非常困難的事（如果能做那種程度的話，那已經不是「"假"說」了）。

在這裡我推薦的方法是，**一開始就盡量多找能夠形成假說的素材**。

例如，某餐廳發現「對手和自己店舖的銷售額不一樣（自己店的銷售額比較好）」，那理由是「所販售的商品『不一樣』嗎？」、「販售時段『不一樣』嗎？」還是「受星期假日變動的影響『不一樣』嗎？」像這樣，**不斷列舉其中「不一樣」的因素**。接著針對那些因素，倚靠知識或經驗儘可能列舉可以構築假說的素材。

例如以「商品」的角度來思考，也許會想到「可能是最近販售的新商品賣得不錯」、「可能是以往招牌商品的銷售額成長了」、「高單價的套餐策略成功」等等念頭。

或者以「時段」為角度來思考，就或許會想到「可能是午餐時段（或晚餐時段）賣得不錯」，以「星期假日」來思考，可能覺得「在平日（或在週末）的時候有所不同」等等。此外，像發薪日之類的時期也是很重要的因素。

像這樣大量舉出假說的素材，就是一種「想像力的訓練」，所以儘情的提出吧！特別是能夠用有系統的方式來思考「素材」的話，就可以讓工作做得有效率。

像這樣，找出夠多的假說素材後，下一步驟就是「篩選」，這時要去掉「明顯不合理」的項目（圖 2-28）。

例如，對手的銷售額是「80」，自己店的銷售額是「104」的話，以絕對值來說有「24」的差異，用相對值的話則是 1.3 倍。針對這差異的大小，**首先要像方才提出假說素材那樣，用經驗法則加以判斷該差異「是適當的大小嗎？」，然後再採取篩選的動作**，接下來再進行驗證假說的作業時會更有效率。

例如，針對「銷售額比較好是不是因為新商品暢銷的關係？」之類的假說素材，如果想到「新商品銷售額在全體佔有的比例應該是 1 成左右，所以要製造出 1.3 倍的差距是不可能的」，就可以剔除這項素材。

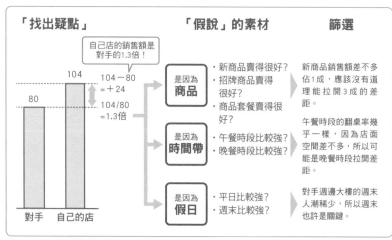

圖 2-28：如果「找出疑點」，就儘可能提出「假說素材」再加以篩選

　或者針對「是不是因為午餐時段的銷售額貢獻很大？」的假說素材，因為得知「店面空間差不多一樣，而工作人員也回報『午餐時段的翻桌率也差不多』，所以恐怕主要差異並不是在這裡」，像這種情況也是有可能發生的吧！

　反過來說，針對「是不是週末賣得比較好？」的假說素材，如果根據情報「對手進駐的大樓週邊，週末的人潮稀少，自家商店似乎是在這裡佔優勢」，那麼或許就可以判斷這份假說素材的可信度很高。

　當然，為了要這樣剔除「不合理」的假說素材，或者找到「合理的」假說素材，需要業務的知識及經驗。之前也提到「直覺、經驗、嗅覺是用來順利進行商務行為當中很重要的事物」，**而經驗越豐富，這種假說的篩選也越能提昇效率**。

　此外假說素材沒有必要篩選出 1 個，但是如果有 10 ～ 20 個的話，驗證就會很辛苦，所以 3 ～ 5 個左右比較適當。

　那麼最後，整理到目前為止的一連串流程。首先，觀看數字並發現「疑點」。找出疑點之後，便思考「理由」，然後盡可能列舉「假說素材」。接著，活用經驗法則，剔除不合理的假說素材，進而篩選出假說（圖 2-29）。請不要忘記這樣的順序。

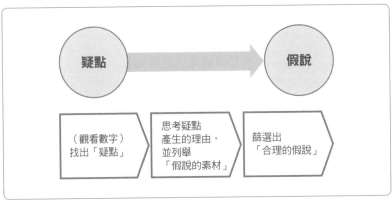

圖 2-29：將「疑點」轉變為「假說」的流程

07 用數字來驗證「假說」吧！

若是已經篩選假說素材，並推導出「合理的」假說，那麼接下來就要利用「數字」加以驗證。

這份驗證假說結果，應該要做成所謂的「分析結果」來報告。反過來說，沒有驗證的假說不外乎只是單純的想法或者迷思。總而言之，**只有仔細驗證才有向他人報告的價值**。此外驗證的結果並非表示「假說是正確的，所以好厲害」、「假說是錯的不對，所以很糟糕」的意思。重要的不是假說的正確率，**而是能不能找到對商務有益的發現**。

此外，在假說構築上要儘量活用「主觀」，但是在假說驗證時需要好好運用數字而以「客觀」的方式來思考。「用數字而客觀地思考」與「找出疑點」的流程是一樣的。是的，驗證假說的程序和找出疑點的程序非常相似。**程序的核心，就是跟數字做比較**。

不過，只有一個最大的不同是「和什麼數字做比較」。為了找出疑點，針對客觀表示實際商務情況的「數字」，與心中認為應該是這樣的「基準」，兩者之間做比較。也就是**在驗證假說的程序上，比較了「數字」和「假說」**（圖 2-30）。

在前次的解說中，舉了對手和自家餐廳銷售額不同的例子。思考銷售額差異的原因時，如果要驗證「是不是套餐的銷售拉開差異」的假說，就必須比較對手和自家店的「商品別銷售額」。或是驗證

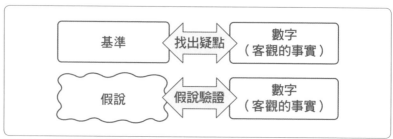

圖 2-30：假說的驗證是「數字」與「假說」的比較

「晚餐時間的時段拉開差異」的假說，就比較對手和自家店的「銷售時段別銷售額」，為了驗證「週末的情況拉開差異」的假說，就會比較「假日的銷售額」（圖 2-31）。

像這樣**比較「假說」和「數字（實際狀態）」的時候，決定比較的「單位」是很重要的**。反過來說，只要弄清楚比較單位，驗證假說就不會太困難。

所以這次，我們只要知道「『商品套餐』是『商品的種類』」、「『晚餐時間』是『時段』」、「『週末』是『假日』」，然後準備好用這些單位來分解成的數字，實際比較看看就行了（圖 2-32）。很簡單吧？

此外，要是驗證結果發現，所有的假說都不對，也不會發生什麼問題。驗證假說**重要的地方是對於認清其他要因也很有用處**。

例如，假設「晚餐時段的銷售額拉開差距」，但是驗證的結果得知「差距並沒有想像中來得大」。雖然得知假說錯誤，但是在這情況下如果解讀成「比對手店（不只是晚餐時段而已），全體銷售額都很高」，那也是一個發現。也就是說，可以得到「是什麼原因使我們在所有時段，銷售額都勝過對手呢？」的「疑點」。根據這項「疑點」，又可以構築新的「假說」。

此外假說構築時，因為已經把幾個「不合理」的假說素材去掉

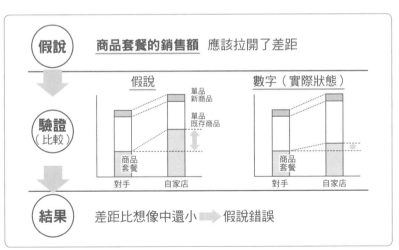

圖 2-31：驗證（比較）假說

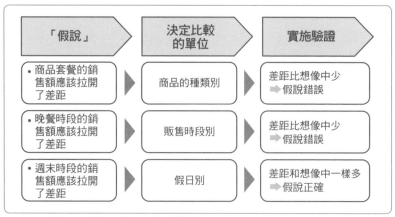

圖 2-32：認清比較「單位」的話，比較就變簡單

了，但是在觀察數字的時候大部分仍然能夠同時得到驗證。例如「是不是新商品的銷售額拉開了差距」的假說，在驗證關於商品套餐的假說時，所進行的「商品別銷售額的比較」也同時得到了驗證。

雖然提到了數次，但假說不是用來誇躍自己的答對率（雖然猜對的確是件令人高興的事）。而且，答對率是會隨著經驗累積慢慢提升。**初期重要的是養成「內心不要焦急，而以數字好好驗證」的習慣。**

驗證假說不是一次就結束

到這裡為止，「①找出疑點」→「②假說構築」→「③驗證假說」，驗證假說的基本流程就完成了。各位肯定理解這流程中應當重視數字的是「找出疑點」與「驗證假說」的部分。

那麼關於之後的流程，亦即「④找出新的疑問」→「⑤深究疑問」→「⑥找出疑點（再一次）」也來簡單介紹一下。

驗證假說不是「一次就結束」，而是需要實行好幾次。

再度回到驗證假說的流程，**根據驗證假說時得到的「新知識、新發現」，而使心中產生疑問是很重要的**，這就是「④找出新的疑問」的步驟。換句話說，就是把驗證假說時所得到的疑問累積起來，也可以說是「增加未來的着眼點」。

例如，在對手和自家店之間建立了「應該是週末銷售額拉開差距」的假說，而實際驗證「週末銷售額的差異」。在製作折線圖確認之後，發現的確有銷售額上的差異（這麼一來假說就正確了）。

這時，**如果發現「確實銷售額在『週末』有差異，可是『週初』的時候也有差異」的話，那麼「新的疑問」就產生了**（圖 2-33）。

找到「新的疑問」後，針對那個疑問仔細思考就是「⑤深究疑問」。要是「週末拉開差距」的根據在於「對手店在週末的經過人潮比較少」的話，就沒辦法說明平日也有差異的理由。

為了解開這個謎，請以「為了解開謎團，應該要思考什麼？」的角度，進行「深究疑問」。這時的重點，是要懷有**「或許發生了自己經驗法則之外，沒有預料到的事」的認知**。這是因為，在思考「假說素材」的階段並沒有想到（如果是由經驗法則導得出來的理由，在舉出假說素材時應該就會提出來了）。

如果是預料之外的事，那怎麼想破頭也想不出來，所以必須去思考「該怎麼做，才能找出原因？」。

比如在這個情況，週初銷售額也很多的時候，就要思考「星期一和星期二」是不是有什麼事發生？然後再建立新的假說，諸如「是不是因為附近的店沒開，所以那些客源流進來了」或者「是不是星

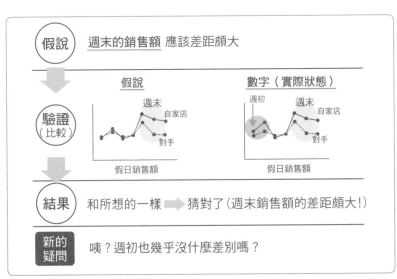

圖 2-33：驗證假說時，產生「新的疑問」

期二更換的定食人氣很旺？」等等，或是其他自己不知道的因素，例如「是不是被美食雜誌報導了？」之類。

上述理由把「來店客人數」、「客人消費單價」、「銷售數量」、「商品單價」等數字，用星期別來比較就應該可以找到「解答」。也就是說，確認週初銷售額增加的原因是不是「客源增加了」、「雖然客人數量一樣但每個人買的東西變多了」等等。此外，如果是客人數量沒變但每個人消費的單價很高的話，那麼就判斷是不是「每個客人的『購買點數』很多」還是「購買商品的『單價』很高」。

有時需要「切換焦點」

在認真進行「深究疑問」的時候，**有時需要切換焦點**。像在這個例子當中，因為週末和週初都賣得很好，所以切換焦點的話，**「只有週中賣得不好」或許也是挺有意思的想法**。這麼一來的話，應該要調查、注目的焦點不是「週末」或「星期一、二」，而是變成「星期三、四」。

這麼一來，思路的方向將會有很大的改變。例如「附近有很多家公司在星期三、四休息嗎？不，對手在星期三、四也賣得很普通，所以應該沒有關係」、「說不定是平常過來的人，沒有在星期三、四光顧。該不會是，每換更換的菜單銷售不好嗎」、「雖然很多客人週初或週末來店，但是可能覺得『一個星期去一次就夠了』，所以要辦法讓人覺得『想一個星期去兩次』，就應該能夠獲得改善」等等，像這樣把焦點放在別的地方。

重要的是與自己對話！

為了進行驗證假說，在「①找出疑點」和「②假說構築」的流程時，與數字直接接觸是非常重要的。但是在「③驗證假說」和「⑤深究疑問」的流程時，與自己對話的行為和上述一樣，或說不定更加重要。

所謂「看數字」是，**使用數字的共通語言客觀描述現實世界的業務，並使他人理解**。另一方面，「與自己深入對話」則是**「讓主觀更**

加敏銳」的行為。也就是讓自己停下腳步,將每天累積於自身的經驗或知識,冷靜地「整理成理論」的行為。

在商務上,進入這種理論化程序是非常重要的。因為如果確實實行這個步驟的話,就可以把以前接觸過、「只能在特殊狀況使用的經驗法則」轉變成「普遍可以應用的理論」。

順帶一提,筆者目前在進行商務顧問的工作,不過商務顧問界從以前就很重視這種「理論化」的動作。

一般公司職員(某領域的專家)基於多方的經驗或知識,構築經驗法則,然後導出「自己的理論」。

另一方面,商務顧問的工作橫跨多種業界,不是只依靠個別業界的經驗法則,而是導出可以應用於類似情況的「普遍理論」。

這份「普遍性」不同之處在於,**對於數字活用的方式不同**。也就是掌握某種事物的時候,對於數字的重視程度、活用程度有多少?**活用數字的領域愈廣,對於理論的適用度也就愈廣**。

反過來說,當「業務專家」在處理數字的時候,如果擁有和商務顧問一樣的思維,就應該能夠製作出普遍性很高的理論來。

事先理解本書不時登場的「商務顧問的思考模式」肯定讓你對接觸數字、把數字和商務連結起來、運用在實際的業務上有幫助。因此,請務必牢記在心頭。

「容易比較的表」和「不容易比較的表」之間的差異是什麼？

為了便於比較，思考「表格」是很重要的事

本書到目前為止，在說明關於數字的比較時經常使用「圖表」。因為只要擅於使用圖表，就可以直接傳達想要讓對方知道的事情。

但是為了製作圖表，首先需要用 Excel 來製作「表格」。而且，製作出來的表格不僅可以用來「找出疑點」，在驗證假說時也可以派上用場。這也就是說，**製作表格的技術，是操作數字中很重要的關鍵**。那麼這裡來介紹一下製作表格的技巧。於是，我解說製作好的表的方法。

製作表格時務必意識到以下 3 項：

① 把想要比較的數字互相「鄰接」。
② 把同樣種類的數字擺在「固定格式」。
③ 時序數列通常置於橫軸。

首先，雖然是理所當然的事，不過把**想要比較的數字互相鄰接是很重要的**。因為所載入的資料非常多，結果想要比較的數字彼此離得很開的現象非常常見（特別是報告資料或銷售額表單上很容易發生）。

雖然整理資料的人會有「把大家想看的各種數字，全部整合在一起吧」的想法，但是在「經由比較來思考」的目的上，這可以說是最糟糕的選擇。

接著，雖然這也是理所當然的事，不過**把同樣種類的數字依「固定格式」放置也是很基本的常識**。好比銷售額的話，就固定放在銷售額、利潤的話，就固定放在利潤，不然在比較時會很不方便。

最後的重點是，**「時序數列經常要保持橫向（從左到右）」**。把時間流放在縱軸的話，製作圖表時會有困難。折線圖也好，棒形圖也好，時間流以從左到右的方式排列（從右到左的時序數列通常用在

不容易比較的表格

	5月			6月		
	銷售額	利潤	利潤率	銷售額	利潤	利潤率
部門A	100	40	40.0%	120	45	37.5%
部門B	90	30	33.3%	110	40	36.4%

雖然很容易與其他部門比較數字，
但比較時序數列時就很困難。

	部門A			部門B		
	銷售額	利潤	利潤率	銷售額	利潤	利潤率
5月	100	40	40.0%	90	30	33.3%
6月	120	45	37.5%	110	40	36.4%

時序數列雖然擺的位置相近，但比較部門時
就會有困難（而且時序數列還呈縱向排列）。

容易比較的表格

		5月	6月
銷售額	部門A	100	120
	部門B	90	110
利潤	部門A	40	45
	部門B	30	40
利潤率	部門A	40.0%	37.5%
	部門B	33.3%	36.4%

相同種類的數字放在固定格式
裡，和比較對象的距離也較近。

圖 2-34：不容易比較的表格，與容易比較的表格

直排書籍裡的歷史年表）。

　遵守這 3 個原則就可以製作出「找出疑點」及「驗證假說」都容易使用的表格（圖 2-34）。

配合目的來製作表格吧

　方才介紹了製作表格時的 3 個原則，不過要以哪個**原則為優先，應該視目的而定來靈活變更**。

　以先前圖 2-34 為例，雖然放在固定格式的「銷售額」、「利潤」、「利潤率」等「數字的種類」，讓人容易比較期間和其他部門，但依情況而定，有時也會想讓「同一部門內各指標的比較」為優先。那樣的話，第二條規則「把同樣種類的數字放在固定格式」，更會優先於第一條規則的「把想比較的數字鄰接放置」。

　在圖 2-35 中，像「部門 A」、「部門 B」那樣，集中各部門的各種數字。如此一來比較容易掌握各部門的狀況。

　具體來說，比較部門 A 的 5 月份和 6 月份的數字，「銷售額從

表格左側標題：以「數字種類」固定格式的表格

		5月	6月
銷售額	部門A	100	120
	部門B	90	110
利潤	部門A	40	45
	部門B	30	40
利潤率	部門A	40.0%	37.5%
	部門B	33.3%	36.4%

以相同種類的數字（例如「銷售額」）來固定格式，以方便比較。

表格右側標題：以「部門單位」固定格式的表格

		5月	6月
部門A	銷售額	100 → 120 銷售額UP	
	利潤	40 → 45 利潤UP	
	利潤率	40.0% → 37.5% 利潤率DOWN	
部門B	銷售額	90	110
	利潤	30	40
	利潤率	33.3%	36.4%

以想要比較的單位（本例為「部門內部的各種數字」）來固定格式，使想比較的數字變得更加相近。

圖 2-35：依照目的，變換表格的「固定格式」

		5月	6月
部門A	銷售額	100 →	120
	利潤	40 →	45
	利潤率	40.0% →	37.5%
部門B	銷售額	90 →	110
	利潤	30 →	40
	利潤率	33.3% →	36.4%

部門A…
‧ 銷售額UP
‧ 利潤UP
‧ **利潤率DOWN**

部門B…
‧ 銷售額UP
‧ 利潤UP
‧ **利潤率UP**

部門A與部門B的利潤率變化不同！

圖 2-36：各部門的狀況變得一目了然

100 增加到 120」、「利潤從 40 增加到 45」、「但是利潤率從 40.0％減少到 37.5％」等等，都是一目了然的吧（圖 2-36）！

　　同樣的，B 部門也提升銷售額、提高利潤，而且看得出來連利潤率也提升了。

　　也就是說，這張「以各部門來統整數字的表格」，可以說是「適合用來理解各部門的狀況，然後各自比較結果」。

　　當然像圖 2-35 左方，以數字種類（銷售額、利潤、利潤率）做為固定格式的表，只要努力解讀的話，也可以得到同樣結論。

但是，這張表格就容易讓人把焦點放在「A 部門和 B 部門，哪一個銷售額比較大？」之類的「個別項目」。相對的，像右表以部門單位為固定格式，就比較容易看出「各部門的狀況」。

像這樣，**一開始就思考「想要拿什麼和什麼比較？想要知道什麼？」是製作容易比較的表格時，非常重要的工作。**

很多情況下，數字並不是以「希望的單位」來統整

我們在詳細定義容易比較的表格時，所面對的問題應該是「數字並沒有整理成為理想的形式」。

在商務現場所看到的表格，通常不是自己，而是「他人製作出來的」。

這時，不僅「各種數字沒有擺放在適合比較的地方」，而且甚至還有「沒有想要知道的數字（例：沒有利潤率）」、「比想要知道的單位更細微（例：想看月單位，卻以日別總計）」、「比想要知道的單位更總括（例：想看部門別中商品別的銷售額，卻只是以部門別來分解）」等更為困擾的問題。

遇到這樣情況的時候，首先需要認清「可不可以自己處理？」。也就是說，**思考眼前的數字「哪些是可以自行計算，哪些不可以？」**（圖 2-37）。

如果自己算得出來的話，就無需拜託他人，自行來製作數字就可以了。

根據筆者的經驗，**在大部分的情況下，自己做通常比交代別人做更快**。因為光是通知別人「想知道什麼」、「需要什麼數字」、「想用什麼形式統整」並使對方理解，又需要多花費些時間。比較起來，自己親手製作的話，完成的速度快多了。

另一方面，有時當前的數字無法做任何計算，例如「想計算卻缺少數字（例：只有銷售額就沒辦法計算利潤率）」、「數字粒度比想知道的單位更大（例：不可能把部門別銷售額以商品別來分解）」等等情況，這時只能老實地投降，拜託別人追加需要的數字吧。但是，這時也有應該注意的地方。那就是**「必須正確指定需要的數字」**。就像先前所說，「要拜託他人做事」時的問題一樣。要彼此溝

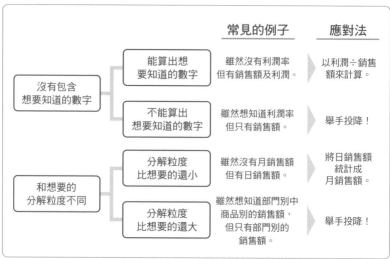

圖 2-37：思考能不能自行來計算

通「想知道什麼數字」、「需要數字的種類和單位是什麼」、「那是以什麼樣的表格來呈現」等等，格外地麻煩。

可能的話最好獲取「原始資料」

這時我推薦**「獲取原始資料」**的方法。雖然前提是「如果有充分的時間和加工技術就足夠」，但是只要能做到這點就再好也不過了。

所謂原始資料就是「原本的資料」。例如，「銷售額」這個數字是由「銷售明細」所計算出來的。

在銷售明細裡面，只總計特定部門的明細，就成為該部門的「部門別銷售額」，只總計特定商品的明細，就成為「商品別銷售額」。再者若只總計特定部門之中特定商品的明細的話，就會成為「部門別商品別銷售額」吧！

雖然詢問「原始資料」，聽起來是件非常麻煩的事情，但是大家平常就已經在接觸部分的原始資料了。

例如，在法人營業獲得新合同，所交換的合同裡寫的資訊就是原始資料本身。就是所謂「什麼時候賣、賣給誰、賣什麼東西、以多少錢賣」等資訊。

零售店的 POS（銷售時點情報系統）資料也是一種「原始資料」。這些原始資料是在公司裡累積的。如果能夠使用這些的話，**用數字思考的自由度肯定能大幅提升**。

到幾年前為止，用 Excel 可以管理的資料筆數最多是 6 萬 5 千列（詳細數字是 2 的 16 次方 =6 萬 5536 列）。如此一來，沒辦法管理太多容量（也就是筆數）的資料。當然原始資料也有其操作的界限。

但是到 2016 年，Excel（Excel2016）**可以管理 100 萬筆以上的龐大資料**（詳細數字是 2 的 20 次方 =104 萬 8576 列）。這麼一來，Excel 可以涵蓋的範圍就更廣了。

當然它有 100 萬筆的上限，但是就算「年銷售明細多達 1,000 萬筆」，如果可以把銷售明細分割成月單位的話，那資料量應該是每月有 80-90 萬筆左右。

也就是說，**只要使用最新的 Excel 就能充分管理了**。

▎數字是「用來思考的工具」

到目前為止，或許有人認為數字是「他人統整的東西」。但實際上，**「數字是可以隨自己任意使用的東西」**。

當然我不知道大家製作數字的機會有多少。各位當中或許有人身為管理職多年，卻還是認為「思考事業比操作 Excel 更加重要」。

但是，「想製作數字卻無法製作」和「可以製作數字卻不想製作」是完全兩回事。

事先徹底理解「製作數字」的行為意義，對於使用數字做為思考工具時非常有用。此外，**可以把自己想知道的內容自行用「數字」定義的話，就能對商務做更深入、更客觀的角度去理解**。

別把數字當作是單純的「指標」，而是理解它的存在與意義，並視為**掌握商務的利器以及思考的工具，如此一來商務上的數字力就能獲得極大的改善**。

此外就算親自看數字也好，指示下屬提出數字也罷，現在應該可以用更適當的態度去面對數字了吧？

本書從第 4 章開始，就會解說用 Excel 處理數字的基本操作方法，即使不擅長數字的人，也請繼續閱讀這個部分。

第 2 章 看數字和處理數字的正確方法

不要沉迷於製作圖表！

使用 Excel 就可以簡單地製作圖表。而且最近，Microsoft PowerBI、Tableau、QuickView 等資料視覺化工具受到矚目。

雖然能夠用簡單的方式製作圖表很值得高興，但還是有必須注意的地方。

那就是，把所有的心力都集中在製作圖表，卻忘記原本的主要目的，例如「用數字找出是否有疑點」、「用數字驗證假說」。也就是說，應該要「使用工具」來分析，卻浪費時間在「工具的濫用」上。

例如，在看「部門別、商品別銷售額」的資料，可能會有「比較部門銷售額時，想更詳盡知道每個商品佔有多少比例」以及「比較商品銷售額時，想更詳盡知道，每個部門的銷售比例是多少」等情形，這時「100％」的概念會產生變化。（是以部門銷售額為 100？還是以商品銷售額為 100？這兩者是不同的）。

如果能夠任意製作圖表，就很容易忘記「原本想要比較的對象是什麼」。

因此，當要「使用 Excel 製作圖表來看看」的時候，強烈建議各位先回到原點，仔細思考「自己打算要用什麼表格，來對什麼東西進行比較？」。

第**3**章

把「數字」
活用在工作！

為了把數字活用在工作，追求「成果」的方法就很重要。
很多人，因為對成果缺乏應有的重視，
所以無法充分活用數字。
本章將採用前幾章所解說的數字看法，
並說明如何在工作上活用數字。

停止沒有成果的「數字遊戲」吧！

只要意識到「成果」就能產生行動力

　　管理數字時一個很大的問題點，是很多人製作出數字就感到很滿足，忽視以後「假說構築」的工作。原因應該是製作數字需要勞力，而完成之後就會有一定的成就感。

　　之前為了顧問業務而拜訪公司現場，看過上司或前輩指導收集資料的新進員工說「你要再多用點腦筋」。看到這個情景，就感覺新進員工的心裡一定也是「我已經很用心在製作了」然後一邊聽對方的斥責吧！

　　而且，筆者發現很多人只是在「看」新進人員製作的數字，容易犯下「只看到數字就感到滿足」的毛病。還有「雖然『找出疑點』卻沒有構築『假說』」、「構築『假說』卻沒實行『驗證』」的人也不少。這其中雖然也有人覺得「不對，我應該要好好驗證假說」，但是這樣的人到最後「只做『驗證』就感到滿足而氣力用盡」的例子非常多。

　　但是，請停下來思考一下。不管是「只製作數字就滿足」也好，「驗證假說就滿足」也罷，**從有沒有對商務產生影響的角度來看，都是同樣程度的「沒有價值」吧？**

　　在商務上最重要的是「成果」。如果只有「製作數字」或「驗證假說」的話，就不會產生相關的商務成果。**根據被驗證的假說來思考行動，然後採取行動才會產生「成果」**（圖 3-1）。

　　得到成就感或滿足感之後，便停止了思考，是因為**沒有意識到成果的存在**。因此，心中要保有「為了成果而努力工作」的意識，而且最重要的是不要陷入方才「成就感」、「滿足感」的陷阱之中。

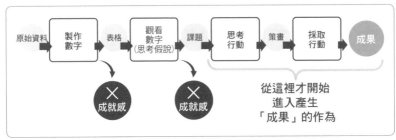

圖 3-1：採取行動，才能夠產生「成果」

避免掉入陷阱

那麼，要採取什麼對策才能夠避開陷阱呢？這裡有 3 個訣竅，亦即「**不要『閉門造車』**」、「**不要忘記『目的』**」、「**經常結合商務一併思考**」（圖 3-2）。

①不要閉門造車

第一個訣竅「不要閉門造車」，就是要抱有廣大的視野，要小心以避免自己變成「處理資料的機器」。不管是製作數字的工作也好，看數字的工作也好，要是劃分自己的責任區，然後**秉持著「只做到負責範圍就好」的原則，就沒辦法擺脫成為處理資料的機器**。

當然完成被交付的工作也很重要，但請理解「如果獨自進行作業，就不能自行結案」，不只是自己工作的部分，周遭人的工作也要包含在內，理解工作的整體面貌是很重要的，例如在交貨日期即將到來的時候，會聽到有人說自己「沒有空管其他業務」，**那樣的人就是眼中只有自己，沒有對整體業務做全盤了解**。

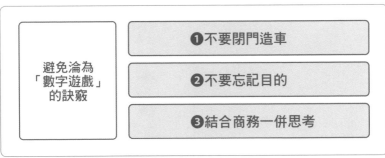

圖 3-2：要小心「成果還沒產生之前就感到滿足」的陷阱

請各位務必要自覺，特別是關於數字，所謂的「在商務上活用」，如果只是關起門來做自己的事，是毫無價值的！

為了要以廣闊視野掌握整體樣貌，「作業指示者」與「作業者」之間適切的對話也是很重要的。就算有不清楚或感到不對勁之處，如果抱持著「因為被交代的內容是這樣，所以只做這樣就好了」的態度，那麼難得的業務工作也淪為數字遊戲。進行作業時，請務必與指示者之間積極地溝通吧（圖 3-3）。

此外，要對下屬或團隊組員指示作業時，為避免他們浪費時間在數字遊戲上，希望各位能夠將事情的背景以及業務的整體樣貌，都盡可能事先說明。

②不要忘記作業目的

下一個訣竅是「不要忘記作業目的」。和剛才整體樣貌的話題很類似，將「作業所扮演的角色」以及「作業要達到的目標」兩者明確化是很重要的。決定實行作業的**結果會產生什麼（＝輸出的樣貌），然後再朝那個方向去前進**。

如果要「製作數字」，首先應該決定的是「要使用什麼單位的數字，做怎麼樣的安排？」。若要構築假說或驗證假說，就必須認清

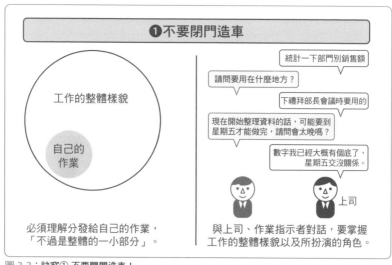

圖 3-3：訣竅① 不要閉門造車！

「自己所面對的課題究竟是什麼？」、「為了針對某點提出證明，應該收集什麼資料？」等等。

一開始先將這些決定好之後，就可以針對自己要做的工作，一項一項地問自己，這些完成要輸出到什麼地方。這麼一來的話，就不會迷失在作業裡（圖3-4）。

此外，這裡提到的決定輸出樣貌或業務指示的溝通事項，要先寫在便利貼之類的東西上面以避免忘記。如此一來，**交代內容與實際工作的結果要是發生矛盾，就可以察覺出「有什麼地方不對勁」**。例如製作數字時，對於「統計單位不存在於原始資料（例：因為負責部門沒有這個項目，所以無法製作部門別的數字）」、「需要的資訊不夠（例：不知道每月目標）」等情況，就應該可以自行察知，因為「輸出樣貌這部分無法產生」。

③經常結合商務一併思考

第三個訣竅是「經常結合商務一併思考」。各位所製作的數字、所看的數字是「客觀地將實際商務所投影的形象」。所以，在心中經常

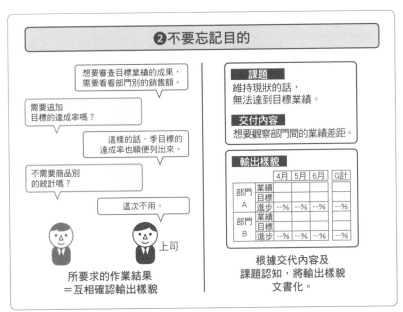

圖3-4：訣竅② 不要忘記目的！

保持「那個數字在實際業務上有什麼意思？」的提問吧！

　　具體來說，當自己在進行作業的時候，試著去思考「**如果我是○○部長的話會怎麼做？**」或者「**如果我是物流部門的負責人的話會怎麼做？**」。讓自己站在不同立場、不同角度，並自行思考「如果我來看這個數字、這個結果的話，會有什麼想法？」，就應該可以將商務實際狀態和數字連結起來思考。

　　即使是看同樣的數字，也會根據負責部門不同，想法也不一樣。假設你計算各部門的銷售額，結果發現「部門 A 業績很低迷」、「原因之一是缺少庫存」。

　　可是營業部長看到那個數字，心裡想的可能卻是「不只是部門 A 的問題」、「控制生產數量是問題所在」。另一方面，生產部門負責人可能想到的是「整體流通網普遍存在庫存管理的問題」，物流部門負責人可能想到的是「物流費已經沒辦法再增加了，要在倉庫之間調度有點困難」等等。

　　對自己而言，那說不定只是「冰冷的數字」，但請將數字和實際的商務連結在一起。要理解數字所代表的涵意，養成凡事都與商務併同來思考的習慣是很重要的。

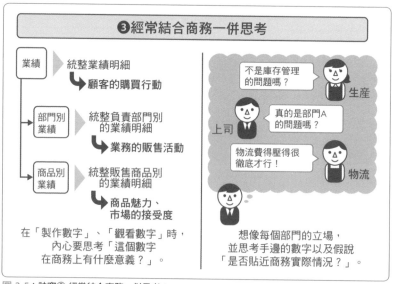

圖 3-5：訣竅③ 經常結合商務一併思考！

「結果」和「成果」是兩回事！

先前介紹了接觸數字時不可忘記的 3 個訣竅，如果常將這 3 個訣竅記在心頭的話，就應該能夠避免不會產生成果的數字遊戲。

然而，即使這樣避開陷阱，也並不保證就能產生成果（不過是站在起跑點而已）。若要得到成果，還有其他必須記住的事項。**其中之一就是保有「『結果（=OUTPUT）』和『成果（= OUTCOME）』是兩回事」的觀念**。

究竟，「成果」到底是什麼呢？此處先來整理「結果（OUTPUT）」和「成果（OUTCOME）」這兩個詞彙吧！這兩個詞有一點相似，在實際現場也經常被混用（圖 3-6）。但是在商務現場，各位應該要理解這兩者完全不同。

首先，「輸出」的反義詞是「輸入」對吧？

輸入和輸出，以某個處理機構（組織、個人、機器等等）來說，是「從一個地方進去（INPUT 輸入）」和「從一個地方出來（OUTPUT 輸出）」的關係。一個是往處理機構的「裡面（IN）放置（PUT）」，另一個是往「外面（OUT）送出（PUT）」，兩者之間不同（圖 3-7）。

不管是「製作數字」，也不管是「假說構築」、「驗證假說」，**那些作業之後所產生的數字、假說、驗證結果，都是屬於該作業的輸出**。

另一方面，「成果」亦即「OUTCOME」究竟是什麼呢？

圖 3-6：結果和成果是一樣的東西嗎？還是不一樣？

大致上來講的話，「輸出」是「處理機構經由運作，自行將東西送出」，相對的「成果」則是「根據行動者的主體活動所產生的事物」，請以這樣的方式來理解。換句話說，**成果是「詮釋處理機構所送來的輸出，再根據對應的行動所得到的收獲」**（圖 3-8）。

　　如果轉換成商務上的說法，「①把輸入轉成輸出」、「②利用輸出然後策劃出行動來獲取成果（OUTCOME）」以這樣的流程來掌握就容易理解。

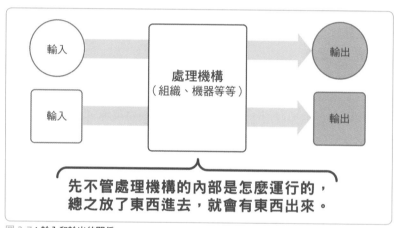

圖 3-7：輸入和輸出的關係

圖 3-8：「OUTCOME」是人們進行活動後所產生的收獲（成果）

一直持續等待，成果也不會出來

此處不能忘記的事情是，「**OUTPUT 是可以交代別人而產生的，但是 OUTCOME 是只有靠自己努力才能獲得**」。

例如，課長對下屬指示「思考關於 ×× 的事」或「去整理關於○○的數字」的時候，下屬就提出「思考的結果」或者「統計數字的結果」。但是，這些只是輸出。

從輸出當中解讀（解釋），想出決策或應對方案等都是**負責業務的課長所負責**。也就是說，如果從這個「解釋輸出後所做的對策」沒有得到應有的「成果」或失敗的話，其「責任歸屬」在於課長。**這當中「決策之後應該得到的『成果』」，就是所謂的 OUTCOME**。

雖然這世上除了 Excel 以外還有很多高性能的資料分析工具，但是這些工具提供的都只有「OUTPUT」而已。要思考從那個 OUTPUT 得到了什麼靈感、要執行什麼行動，**換句話說就是思考「怎麼得到 OUTCOME？」才是身為商務人士（各位讀者）應該發揮實力的地方**。

雖然之前提到好幾次，不應該觀看別人提出的 OUTPUT 就停止了思考。商務上最重要的就是「成果」這點請務必銘記在心。

先前雖然舉了課長的例子，但是希望「被交代作業的下屬」也能夠多加注意。**那就是「花了很多心力去處理交代的工作，不能夠等到 OUTPUT 出來之後就感到滿足」**。也許各位覺得有點囉嗦，但是這點非常重要。在商務上重要的不是「分析結果」也不是「思考結果」，而是將它們活用之後，幫助「成果」的產生。

例如「行銷部門製作廣告，讓世界知道這個產品面市了！」，但這只是 OUTPUT 而已。另一方面，利用廣告「讓公司名稱廣為人知」、「自己公司的商品銷售額提升」才是 OUTCOME。

就算是花費很多時間，拼命製作出很棒的 OUTPUT，沒有產生 OUTCOME 的話，就一點意義也沒有。請經常把「以自己的想法解釋輸出」、「依照解釋的結果，思考應該展開的行動」等等，「促使自己一步步產生行動力」的觀念牢記在心頭。

第 3 章 把「數字」活用在工作！

03 要以成果為目標，就應該決定「行動」！

沒有下定「決策」就無法得到成果

所謂「以成果為目標」，對事業而言就是指「自主判斷情勢並展開行動」的意思。此外，只要該行動能夠對數字產生好的影響，那便產生了「成果」。

例如，針對「銷售額在減少」的現狀計劃對策時，如果只是「看了數字之後，知道某部門某商品的銷售額很低迷。之後構築假說並加以驗證的結果，發現原因出在業務人員疏於拜訪」的話，還不算是計劃出對策吧？因為到這裡為止只是 OUTPUT 而已，並不是 OUTCOME。

當然，以 OUTPUT 為踏板，向「提升銷售額」的成果（OUTCOME）邁開步伐是很重要的（這並非「觀看數字」，而是在業務上力求表現以「推動數字」，這就是在商務上不可缺乏的部分）。

為了得到成果所需要的是，根據假說思考的 OUTPUT 而找出的課題及改革方針來「策劃行動」並且「執行行動」。

那麼接下來，先來思考「策劃行動」的程序吧！「策劃行動」的工作，分成以下 4 個過程（圖 3-9）。

① 面對「應該自省的問題」。
② 為了解決課題，思考可能採用的選項。
③ 收集需要的資訊以便自主判斷。
④ 發揮「自主判斷」以達成某個目標。

關於①「應該自省的問題」，已經在 P.14 介紹過了。簡單回顧的話，就是認清「究竟自己所從事的業務，是為了達成什麼目的？」、「在這業務最重要的『問題』是什麼？」。

以這次的例子來說，就是要確定「是要增加銷售額？還是要提高

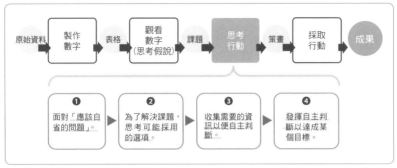

圖 3-9：策劃行動的 4 個程序

利潤率？」等應該朝向的目標，以及與現狀之間的差距。

接下來就根據那目標，運用假說思考的方式認清要解決的課題，並找出有什麼可以採取的選項（②）。例如遇到**「關於某商品在鬧區商圈常常缺貨」的課題，就可以開始思考決策選項**。目的是「提升銷售額」，課題是「鬧區商圈常缺貨」，就可以舉出「商品增加產量」、「增加倉庫之間的流通」等等。或是「放棄那件商品，把焦點放在其他商品吧」的選項也有可能。

就像這樣，查清「課題的可能選項」，接下來便評價那些選項（③）。**所謂「評價」就是，認清所思考的選項是否適當**。以這個例子來說，因為「是不是該進行商品增產」、「是不是該流通庫存」是最大的決策，所以首先為了要想清楚，就必須收集所需情報。具體而言，應該要調查「庫存是不是做好了管理？（雖然鬧區商圈的確很缺貨，但是其他地區是不是太多了）」等等。所以為了得到必要的數字情報，就得調查「區域別流通庫存」，來確認鬧區商圈以外缺貨狀況的「缺貨率」及每個地區的庫存總量。

此外在評價選項時，不一定要拘泥於數字情報。必須根據需要，與相關單位進行訪問調查或顧客問卷。**因為能不能認清決策選項是否適當，是能不能得到成果的關鍵，所以應該只收集能夠讓人信服的情報**。

最後再根據這些情報，做出「自主判斷」（④）。

此外，至於應該要往哪個方向走，並非思考「合理的決定」就可以了。應該要做什麼樣的選擇，**不是交由別人來回答**。就像「自主判斷」這詞字面上的意思，自己要往哪個方向前進的「判斷」，是由

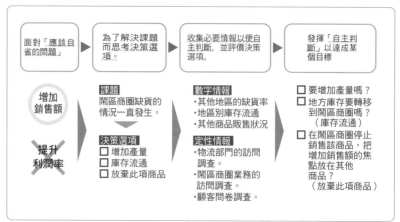

圖 3-10：「思考行動」工作的細節

自己來決定的。

以這個例子來看，「把鬧區商圈以外的庫存移動到鬧區商圈」應該是最好的對策。但是如果想到要把「提升銷售額」設定為「應該自省的問題」的話，就可以採用「增加鬧區商圈部分的商品數量」以及「在其他地區加強營業」的選項也是可行的。

或者，也可以用反對的立場採取「在東京不要賣那件商品」的選項，此時還可以提出自主判斷說「與其移動其他地區的商品，還不如努力販賣其他商品來提升顧客滿足度，並且期許它帶來中長期的銷售額提升」。

像這樣切實執行檢討，然後決定未來努力的方向，就是所謂「思考行動」的工作。

實行計劃與測定成果是成功的關鍵

一旦決定要往哪個方向前進，就具體思考該怎麼執行吧！「採取行動」分解成以下 3 個程序（圖 3-11）。

採取行動時首先應該做的事是製作**「什麼事情要按照什麼順序，預定在什麼時間之前完成」的明確進度表**（①）。因此現在就仿照「思考行動」的流程模式，具體地整理出「行動內容」和「優先順序」吧！

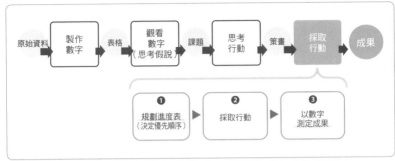

圖 3-11：採取行動的 3 個步驟

假設這次檢討的結論是「擴大銷售其他商品，不多加增產為基本方針」。這時，因為基本方針是「擴大其他商品的銷售」，亦即「不花費額外力氣在銷售這項商品上，取而代之是加強販賣其他商品」，也就是公司資源再分配的意思。

因為不考慮增產，這項商品的銷售總有一天會終止。然而現在它還繼續銷售，而且鬧區商圈目前呈現缺貨狀態，所以短期之內有必要從其他有剩餘庫存的地區，將存貨搬移到鬧區商圈。此外生產部門考慮「因為剩下很多庫存，所以希望再繼續銷售一陣子」的話，就有必要討論鬧區商圈以外地區，繼續銷售的可能。

圖 3-12 就是以上述為例所畫的進度表。這張進度表顯示「最近 3 個月把地方庫存移動到鬧區商圈以改善供需。在這期間持續切入新商品，預計半年後在鬧區商圈中止該商品的銷售，然後其他地區也跟進，1 年之後也中止銷售」。

圖 3-12 只是一個例子，不過像這樣的決策行動（為了提升銷售額，不去增加缺貨商品的產量，而是把焦點放在其他商品的擴大銷售）明確敘述在哪個時間點前完成某件事等，是很重要的。

製作進度表後，根據這張表確實執行（②）。雖然這業務部分跟數字比較沒關係而略去了，但不該忘記的是，**採取行動中或實行後都「務必以數字來測量成果」**（③）。

以這個情形來說，主要目的是「增加銷售額」，應該儘可能避免因商品切換而導致銷售額減少。因此，**要判斷是否避免成功，必須要用數字加以確認才行**。此外，因為把目標設定為增加銷售額，所以應該要適當掌握所切換的商品，在哪個地域有多少滲透率。

另一方面，決定停止販售的商品不太可能大量製作，所以必須檢視目前的庫存量，是不是陸陸續續調整成停止銷售的庫存管理狀況。

這些應該測量的數字（目標值：KPI = Key Performance Indicator）是用在什麼地方？要在哪個時點、做到什麼程度？都必須要事先決定。在規劃進度表的時候，**希望各位都能夠將這些確實設定**（圖 3-13）。

另外，如果用數字確認出來的結果，有達到好的成果時就沒什麼問題，但要是沒出現預期成果的話，就必須靠思考假說來找到原因。接下來就會有「A. 思考要如何接近當初預期的成果（＝檢討對策）」以及「B. 視為教訓，避免下次再發生同樣的情形（＝檢討防止再犯的對策）」這兩種對應的方式（圖 3-14）。

▍不斷的指定目標，最後就能養成數字力

只要持續進行「思考行動、採取行動、確認成果」的一貫流程，數字與商務就能合而為一。如果一直循環好幾次的話，**就能以數字**

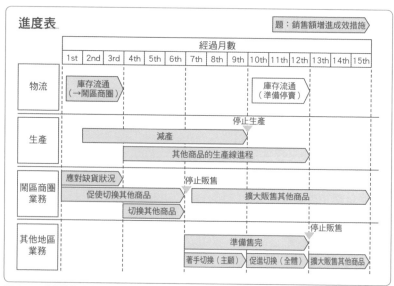

圖 3-12：「銷售額增進成效措施」的進度表

來理解日常業務，同時也應該能夠從數字當中看出商務狀況。

　　雖然這和「雞生蛋還是蛋生雞？」的問題很像，但是「用數字來理解日常業務」以及「看數字就理解業務狀況」是一體兩面的關係，並不是某一方可以先行達成，而是在不斷反覆進行思考假說與策劃行動之中，就能自然而然養成。然後接下來就只剩實踐了！

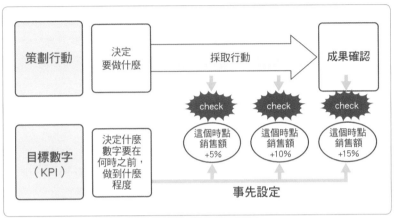

圖 3-13：事先決定「希望什麼數字要有什麼變化？」

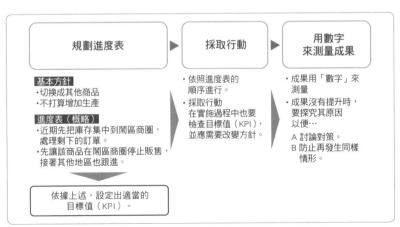

圖 3-14：「採取行動」工作的細節

以靈活的思想來「自主判斷」!

「要執行什麼行動」的「自主判斷」部分不是只用數字就能做決定。所以,需要儘量以柔軟的發想和多樣視點來進行。

例如,假設在某法人營業部知道銷售不振的原因是「拜訪客人的頻率很少」。此時,應該進行什麼解決對策呢?

「提升拜訪客人的頻率吧!」的想法太過於下定論。請抱持「提升拜訪頻率真的好嗎?」的觀點。

回過頭想,減少拜訪頻率或許存在其他原因(例如,顧客希望減少拜訪的頻率)。如果沒有解決真正的原因,即使以「增加拜訪頻率」為「目標」,

在拜訪頻率平常不多的情形下,就算突然間增加了,對銷售額可能也沒什麼好處。

所以,這時候「應該自省的問題」是「怎麼提升法人營業部的銷售額?」不是「怎麼增加拜訪法人營業部客人的頻率?」。

或者甚至先不管前提,而將「法人營業部保持目前的銷售額」、「把剩餘人員異動到其他部門而擴大銷售」也列入考慮範圍。在自主判斷時需要像這樣以多樣視點來檢討。

重要的是,能夠在諸多選項之中認清什麼才是「最貼近商務實際狀況」的策略,並加以執行。

用案例分析來思考吧！

以某連鎖餐廳為例來思考

到目前為止解說了觀看數字「找出疑點」，接著採取實際行動並驗證的流程。

那麼，為了總括到目前為止的內容，用簡單的案例分析來說明「為了產生成果而用數字思考」是什麼意思吧！

在此介紹的案例分析，是以虛構的連鎖餐廳「XLS 美食屋」的銷售額變化，用數字化的方式呈現並研究。雖然案例分析分成 6 個步驟，不過這當中直接操作數字是步驟 1、3、4、6（圖 3-15）。在商務上為了得到成果，請把焦點放在「如何活用數字」。此外，可能的話請不要隨意瀏覽，**而是想像自己在看實際的「報表」並思考「如果自己在這個狀況下，該做什麼思考和判斷？」以這樣的方式來閱讀，就可以得到更深的理解**。另外，此處所使用的 Excel 工作表可以從網路下載（請參照 P.8），可以一邊看範例一邊閱讀本書。那麼，現在就開始我們的案例分析吧！

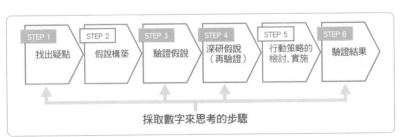

圖 3-15：案例分析的流程

STEP ①：找出「疑點」

「XLS 美食屋」在區域內有 6 家分店（鬧區 2 家、商業區 2 家、郊區 2 家），目前在進行檢視全店鋪的月銷售額。從結果來看就知道

⊿	A	B	C	D	E
1		2015年4月	2015年5月	2015年6月	2015年7月
2	全店鋪銷售額	35,114,000	35,103,000	32,800,900	32,232,800
3	與前月相差		-11,000	-2,302,100	-568,100
4					

6月以後的銷售額急速下降（疑點）

圖 3-16：XLS 美食屋的全店鋪銷售額

每月都有減少銷售額的傾向。請看圖 3-16。看了這張表格，各位有什麼想法呢？應該可以看出 6 月銷售額急速下降，然後 7 月又更低了。特別是 6 月減少的幅度很大，讓人非常在意吧！

這就是所謂「找出疑點」。首先掌握「整體都有減少的傾向」的實際狀態，然後發現「6 月是不是發生什麼很大的變化？」的「疑點」。接下來，根據這「疑點」再往下一個步驟「思考假說」來進行吧！

‖ STEP ② : 思考假說（假說構築）

假說構築是根據自己的經驗或業務知識，「想像」「為什麼 6 月銷售額減少」的原因。這個例子的話，就可以想像如下。

● 因為是梅雨季，所以商業區外出用午餐的需求減少了嗎？（但是，如果是那樣的話，7 月還沒回復正常情況就難以認同這個理由） 假說 X

● 因為在站前新開發了很多連鎖居酒屋，所以把鬧區聚會的需求搶走了嗎？（雖然店長確實有說「人潮的數量變了」，但是沒想到受到那麼大的衝擊…） 假說 Y

● 因為菜單改變了，所以客人的消費降低了嗎？（雖然商品的變化幅度應該沒有那麼大…） 假說 Z

這些想像就成為暫時的「假說」。接下來的步驟是為了驗證想像的假說，而觀看實際的數字。

122

STEP ③：驗證假說

驗證假說就是「核對假說（想像）和實際情況是否吻合」。也就是說，不管假說錯誤的程度有多少都沒有關係。**因為驗證假說的目的不是證明自己很聰明或很正確，而是了解事實的真相。**

那麼，驗證上述 3 個「假說」，就必須做以下的確認。

● 鬧區、商業區、郊區，哪種類別的店正在減少銷售額？
　 假說 X → 驗證 X

● 午餐、聚會（晚餐時間）等消費時段裡，什麼時段的銷售額在減少？　 假說 Y → 驗證 Y

● 客人數量在減少，還是顧客消費單價在減少（因為銷售額＝客人數量 × 顧客消費單價，所以如果銷售額在減少的話，客人數量或顧客消費單價「其中一個」或是「兩者都」應該在減少中。）假說 Z → 驗證 Z

實際確認的結果就如圖 3-17、圖 3-18、圖 3-19 所示，那麼就個別來討論一下。

圖 3-17 是假說 X 的驗證結果（ 驗證 X ）。看這張表格就知道，一方面郊區店的 6 月份銷售額大幅減少，另一方面**鬧區和商業區的銷售額並沒有很大的變化**（鬧區微減，商業區微增）。**雖然假說 X**

郊區店的銷售額大幅減少。

	A	B	C	D	E	F
1	統計區分	店舖類別	2015年4月	2015年5月	2015年6月	2015年7月
2	月銷售額	郊區	10,534,600	10,617,700	8,293,500	7,732,500
3		鬧區	13,076,800	13,033,300	13,011,900	13,003,200
4		商業區	11,502,600	11,452,000	11,495,500	11,497,100
5	前月差	郊區		83,100	-2,324,200	-561,000
6		鬧區		-43,500	-21,400	-8,700
7		商業區		-50,600	43,500	1,600
8						

鬧區及商業區的銷售額下降幅度不大

圖 3-17：驗證 X 哪種類別的店，銷售額降低了？

是「商業區的午餐需求減少了」，但是和實際狀況好像不同。

另一方面，圖 3-18 是假設 Y 的驗證結果（驗證 Y）。看表格就能知道，**下午茶的需求減少得很明顯**，但是午餐和晚餐的銷售額有大幅的起伏。因為假設 Y 認為「午餐和聚餐（晚餐時間）的需求減少了」，**所以這假設也不正確**。

最後圖 3-19 是假設 Z 的驗證結果（驗證 Z）。雖然假設認為「不是客人數量減少而是顧客消費單價減少」，但實際上**和假設不同，是客人數量減少了吧**。顧客消費單價幾乎不變，甚至還微微增加了。

觀察到目前為止的驗證結果，就知道這些假設都錯了。另一方面，從這次分析就能知道以下事實。

● 銷售額降低的是郊區店。

● 下午茶需求量大幅減少。

● 低迷的理由是「客人數量」的減少。

> 下午茶的需求大幅減少。

	A	B	C	D	E	F
1	統計區分	商品類型	2015年4月	2015年5月	2015年6月	2015年7月
2	月銷售額	午餐	7,223,800	7,173,600	7,233,200	7,228,800
3		晚餐	15,857,500	15,868,500	15,856,000	15,957,500
4		下午茶	12,032,700	12,060,900	9,711,700	9,046,500
5	前月差	午餐		-50,200	59,600	-4,400
6		晚餐		11,000	-12,500	101,500
7		下午茶		28,200	-2,349,200	-665,200
8						

> 午餐和晚餐時段的銷售額有大幅起伏。

圖 3-18：**驗證 Y** 哪個消費時段，銷售額降低了？

> 客人數量減少了。

	A	B	C	D	E	F
1			2015年4月	2015年5月	2015年6月	2015年7月
2	全店鋪	客人數量（人）	32,485	32,454	29,117	28,132
3		消費單價（元）	1,081	1,082	1,127	1,146
4	前月差	客人數量（人）		-31	-3,337	-985
5		消費單價（元）		1	45	19
6						

> 顧客消費單價幾乎沒變。

圖 3-19：**驗證 Z** 客人數量、顧客消費單價，哪一個在減少？

根據這 3 項可以建立「**是不是郊區店的客人，對於下午茶的需求減少了？**」的假說。另外，也可以想到顧客消費單價上升的理由。類似「可能是因為下午茶＝消費單價低的客人減少了，所以顧客平均消費單價就提高了」是能夠料想的到吧！

STEP ④：用「數字」作更深的思考（再驗證）

那麼，現在我們再更進一步使用「店鋪類型」、「消費時段」這兩個軸來分析「銷售額」和「客人數量」吧！這意味著驗證新假說「是不是郊區店的客人，對於下午茶的需求減少了？」。

圖 3-20 表示各店鋪類型的來店客人數量和顧客消費單價的變化（深究 a）。看了之後就明白，郊區店的客人數量減少得很明顯吧！**果然郊區店發生了什麼問題。** 另一方面，圖 3-21 表示各店鋪類型中，商品類型的銷售額變化（深究 b）。請特別注意 6 月的前月差。郊

	A	B	C	D	E	F
1	（實績）		2015年4月	2015年5月	2015年6月	2015年7月
2	客人數量	郊區	12,088	12,094	8,770	7,903
3		鬧區	8,736	8,680	8,670	8,634
4		商業區	11,661	11,680	11,677	11,595
5	消費單價	郊區	871	878	946	978
6		鬧區	1,497	1,502	1,501	1,506
7		商業區	986	980	984	992
8						
9	（前月差）		2015年4月	2015年5月	2015年6月	2015年7月
10	客人數量	郊區		6	-3,324	-867
11		鬧區		-56	-10	-36
12		商業區		19	-3	-82
13	消費單價	郊區		6	68	33
14		鬧區		5	-1	5
15		商業區		-6	4	7
16						

郊區店的來客數量明顯地降低。

圖 3-20：深究 a 各店鋪類型的來店客人數量和顧客消費單價的變化

▲	A	B	C	D	E	F
1	（實績）		2015年4月	2015年5月	2015年6月	2015年7月
2	郊區	午餐	1,903,200	1,911,300	1,924,300	1,908,500
3	郊區	晚餐	2,368,000	2,402,000	2,409,000	2,454,500
4	郊區	下午茶	6,263,400	6,304,400	3,960,200	3,369,500
5	鬧區	午餐	1,433,800	1,385,900	1,422,000	1,445,900
6	鬧區	晚餐	9,458,000	9,490,500	9,430,500	9,425,000
7	鬧區	下午茶	2,185,000	2,156,900	2,159,400	2,132,300
8	商業區	午餐	3,886,800	3,876,400	3,886,900	3,874,400
9	商業區	晚餐	4,031,500	3,976,000	4,016,500	4,078,000
10	商業區	下午茶	3,584,300	3,599,600	3,592,100	3,544,700
11						
12	（前月差）		2015年4月	2015年5月	2015年6月	2015年7月
13	郊區	午餐		8,100	13,000	-15,800
14	郊區	晚餐		34,000	7,000	45,500
15	郊區	下午茶		41,000	-2,344,200	-590,700
16	鬧區	午餐		-47,900	36,100	23,900
17	鬧區	晚餐		32,500	-60,000	-5,500
18	鬧區	下午茶		-28,100	2,500	-27,100
19	商業區	午餐		-10,400	10,500	-12,500
20	商業區	晚餐		-55,500	40,500	61,500
21	商業區	下午茶		15,300	-7,500	-47,400

6月意外與前月差了200萬元以上。 　　果然郊區的下午茶需求大幅減少了。

圖 3-21： 深究 b 各店鋪類型的來店客人數量和顧客消費單價的變化

區的下午茶需求減少 200 萬元以上。

　　這次的驗證結果得知「郊區店的客人，下午茶的需求正在減少」。所以，這假說是正確的。

　　雖然截至目前的驗證，很明顯問題出在郊區店，但是 XLS 美食屋有兩家郊區店（A 店和 E 店）。

　　於是為求謹慎，來調查一下 A 店和 E 店，是哪家的銷售額降低了。因為有可能是其中一家很低迷，另外一家狀況很好，所以個別來確認一下吧（ 深究 c ）！

　　圖 3-22 是 A 店和 E 店的銷售額比較。雖然兩家都同樣地減少，但 E 店減少得特別激烈。也就是說，A 店和 E 店同時受到了影響，而且 E 店因為「某種」原因而使得受到的影響較大。

	A	B	C	D	E	F
1	（實績）		2015年4月	2015年5月	2015年6月	2015年7月
2	銷售額	A店	5,333,600	5,300,800	4,565,500	4,316,500
3		E店	5,201,000	5,316,900	3,728,000	3,416,000
4	客人數量	A店	6,070	6,026	4,959	4,577
5		E店	6,018	6,068	3,811	3,326
6	消費單價	A店	879	880	921	943
7		E店	864	876	978	1,027
8						
9	（前月差）		2015年4月	2015年5月	2015年6月	2015年7月
10	銷售額	A店		-32,800	-735,300	-249,000
11		E店		115,900	-1,588,900	-312,000
12	客人數量	A店		-44	-1,067	-382
13		E店		50	-2,257	-485
14	消費單價	A店		1	41	22
15		E店		12	102	49

> 雖然A店與E店同時銷售量下降，但E店減少的幅度更加明顯。

圖 3-22： 深究 C A 店與 E 店的比較

STEP ⑤：從數字看到的東西與商業判斷（解決對策）連結在一起

　　根據截至目前的驗證，接下來要思考實際商務的「解決對策」。另外，這項流程並不是在談數字或資料分析。反過來說，在實際商務上並不需要在桌上解答一切（實際上也不可能）。因此，不是只用案頭上的數字，現場的人員的意見也要積極詢問。首先應該做的是，詢問店長同時影響郊區的 A 店和 E 店的事情是什麼。這時，就要一邊看截至目前的分析結果（Excel 表格）一邊討論。因為就如本書第一章所說的，「數字是共通的語言」。

　　只要一經詢問，就能夠知道通往 A 店和 E 店的國道上，分流通道的建設完成了，因此減少了來往交通的數量。因為 **A 店在分流路口還比較好，但離路口較遠的 E 店就會因為交通流量的變化而受到比較大的影響**。

　　不過另一方面，也得知了晚餐及午餐銷售額降低的狀況輕微，是因為不被分支道路影響的附近住戶以及公司職員的支持。

　　於是，與 A 店和 E 店的店長商量的結果，決定實行像 **圖 3-23** 的對策。

目的	施策
①鼓勵來用午餐或晚餐的客人，下午茶時段也來消費（交叉銷售）。	來用午餐、晚餐的客人，發給他們下午2點~5點可以使用的折價券。
②將附近沒來用午餐或晚餐的客人，帶進下午茶時段（開發客戶）。	●在附近辦公室或公寓塞傳單。 ●發給公寓的傳單，內容主要是「送小孩小盒冰淇淋」，鎖定主婦為主客層。
③將目前來店的遠距離客人，帶到下午茶時段（留住客戶）。	●在分流入口設置店鋪看板（提醒消費者存在）。 ●在本地的 FM 電台，下午 2~4 點的時間帶裡播放廣告。

圖 3-23：XLS 美食屋的對策

STEP ⑥：驗證結果

雖然經過以上的流程，就完成了「分析」→「判斷，做出決策」，**但最重要的是「不可沒有實行就結束」**。實施圖 3-23 的對策（投廣告單、電台廣告等），如果沒有在下個月（8 月）和下下個月（9 月）後去確認結果是不行的。

下午茶的客人有按照預期增加嗎？增加的話，是因為帶家人一起來（也就是說，送了很多免費的小盒冰淇淋），還是附近的公司職員呢（也就是說，使用了很多優惠券）等，用「數字」去確認吧！如果對策的結果是使銷售額增加的話，那才可以說是「獲得成果（OUTCOME）」吧。

當然就算恢復下午茶的需求，也不可就此安心。增加了下午茶需求，在下午茶時段前來消費的主婦要是覺得「既然白天已經來過，晚上就不用來了」，那麼原本還不錯的晚餐銷售額也可能受到不好的影響。或者，也有可能把商業區的客人搶了過來。像這樣**持續找出擔心的點，然後用數字去確認是很重要的**。

那麼，地區連鎖餐廳「XLS 美食屋」的案例分析就到這裡為止。關於「用數字思考」、「使用數字來得到成果」，各位已經可以想出具體的工作流程嗎？

附帶一提，這次介紹的分析方式是用我製作的 12 萬份左右的銷售資料（原始資料）進行的。**所有的統計處理都使用 Excel 非常「基本」的功能**。在第 5 章會介紹具體的方法。

數字的「製作力」重要？還是「解讀力」重要？

　　本章最後，來說一下「關於數字的能力」吧！關於數字的能力大致上分成兩種。**那就是「製作數字的能力（作業能力）」和「解讀數字的能力（解釋能力）」**。所謂「作業能力」是指活用工具對原始資料加以處理、計算、製成圖表的能力。另一方面，「解釋能力」就是把數字和商務連接起來，並進一步產生成果的能力。

　　不管是作業能力和解釋能力都非常重要。將兩者緊密結合才能讓數字在商務場上靈活運用。

　　另一方面，**作業能力和解釋能力是完全不同的兩回事**。並不是學會其中一種之後就自然能夠學會另一種。

　　那麼請問各位，作業能力以及解釋能力，哪一項是更應該積極學會的能力呢？

　　當然，兩種都學會是很理想，就好像棒球裡面的「王牌4號」，但要兩種都學會，並不是件容易的事。

　　如果是筆者來選，而且「只能選擇其中一項」的話，那麼個人推薦「解釋能力」。

　　作業能力只要經由鍛鍊，誰都可以學會，而且到了一定的熟悉程度，就會慢慢變成一種自然而然的例行公事。當然，如果認真鑽研的話，它也有其深奧的地方，但是如果從「實際工作要求程度」的角度來看，（除了某些職業之外）並沒有要求那麼高深。因此以商務人士來說，並不是學會多少技能，就一定能拉開多少優秀的差距。

　　至於解釋能力，就沒有所謂「做到哪個程度就滿分」的標準。**只能夠不斷地「指出下一個目標」、「持續要求更好」**（圖3-24）。

　　另外，所謂解讀數字，就是要和實際商務密切相關，所以並不是「只要做了這個和那個就萬事OK」。**因為這項能力相當不容易鍛鍊，所以只要學會就成為非常強力的武器**。與其獲得只要拼命就能學會的能力，還不如鍛鍊只要上手之後就可以與他人拉開差異的能力，對於商務方面更顯得有價值。當然，這對自己的專業也非常有

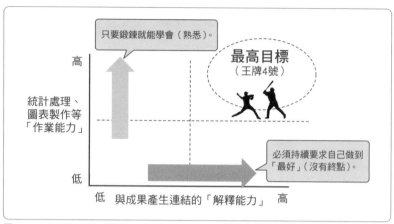

圖 3-24：作業能力與解釋能力

幫助。

　當然，不管是作業能力還是解釋能力，都並非「只能鍛鍊其中一項」，所以目標應該是放在鍛鍊這兩種能力。但是，我覺得安排力氣的比例是「2 比 8」左右就行了。當然作業能力是 2，而解釋能力是 8。與其記憶繁瑣的 Excel 操作，不如把重點放在**解讀數字時與「直覺、經驗、嗅覺」相結合，然後構築和驗證假說，接著檢討或是執行解決對策而產生成果**。

　那麼，「作業能力」需要什麼樣程度的技術呢？即使「解釋能力比較重要」，但「毫無作業能力」的話，也會很困擾。如果各位是部課長等管理職的話，我覺得最少應該學會以下的能力。

①在指示下屬、團隊成員作業的時候，不偏離主題。
②能夠自行檢驗作業的結果、呈上來的數字是否有錯。
③可以抽出需要的數字，整理成另外一張表格。
④想要將統計後數字，改變單位再統計一次的時候，可以自行處理。
⑤遇到突發狀況，（不管要花多少時間）能夠從原始資料再次進行統計。

　這當中，①和②是「身為作業管理者的必備能力」。為了能夠正確地交代任務，應該事先理解「什麼樣的表達可以讓人簡單實行，什麼樣的方式會比較難以執行？」。此外，不能因為自己不知道作業細

節，就把整個工作丟給下屬，這對管理職的角色來說是一種不負責任的表現。不管要不要親自去檢視作業，**至少能夠自行實施最低限度的檢驗**。

此外，③和④為「提升效率的能力」。**如果連細微的修改或極簡單的追加作業都要一直麻煩他人的話是很浪費時間**。因此，希望各位能夠自己處理真的很細微的修正、或是再次進行統計作業。

最後「⑤能夠再統計原始資料」並不是必須的，但是如果學會的話，這個技能就會讓你不會害怕任何事。這就是所謂「緊急應變能力」。坦白說，只要統計的數字是正確的話，就算需要很久的時間，或者使用別人無法了解的中間過程，對業務上也沒有任何困擾。但要是「員工突然生病了」或者「星期六早上突然想到的假說，想要在星期一會議之前驗證」等等，面對類似緊急的事件「如果下屬不在就束手無策」的話，就會很傷腦筋。不用做到 100 分滿分也沒關係，只要自行製作數字並自主判斷，就能夠擴大工作的廣度（圖3-25）。

只要用 Excel 學會這些基本技巧，就是一條捷徑能成為在工作上活用數字的人才。首先以成為那樣的人才為目標吧！然後，根據需要提升 Excel 的技能、學會難度更高的資料處理工具。或是把目標放在作業能力和解釋能力都很高的「王牌 4 號」也無妨（圖 3-26）。

以上是工作上活用數字的方法論。只是單純製作數字是不行的，漫無目的地瀏覽數字也不行。雖然已經重複好幾次，但是**經常把目標設定在給商務好的影響，然後最終獲得「成果」才是所謂「在工作上活用數字」**。

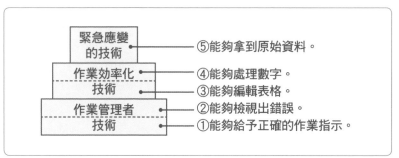

圖 3-25：管理職應有的作業能力

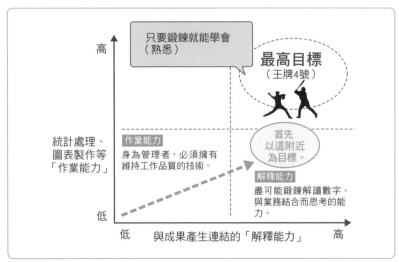

圖 3-26：首先獲取最低限度的能力

　本書以「數字力」這個詞彙做書名，因此花了很多篇幅說明不直接使用數字的「思考方式」及「進行工作的方式」。就算在 Excel 操作數字上有一定程度，也**並不表示「有數字力」**。積極把數字與商務連結起來思考，產生成果是很重要的。

　雖然到這裡為止的方法論是基礎中的基礎，但是從**另一方面來看是非常根本的。**

　此外，在本書提到有關數字的應對、解讀等方式，以及在商務上活用的方法論是筆者擔任多次的顧問諮詢中發現的。如果筆者要教導顧問後輩「數字的初步」，應該會教導本書的內容吧！當然，也希望這些內容能夠對各位在提高數字力方面有幫助。

　那麼下一章開始，我將會解說關於方才所提的最低限度的「作業能力」。關於「解釋能力」的解說已說明完畢，因此「對 Excel 技術有自信的人」即使現在闔上這本書也沒有關係。各位辛苦了。

　另一方面，雖然了解數字的「解釋能力」，但是對「最低限度的『作業能力』」當中所列舉的 5 項技術沒有自信的人，請務必繼續讀下一章。

第 **4** 章

操作 Excel 之前
應該知道的事情

這裡我將解說用 Excel 操作數字的方法。
但是，解說 Excel 操作之前，
首先應該記住「活用 Excel 的規則」。
這一章就向各位介紹這個規則吧！

Excel是「太過萬能的」
工具！

應該沒有人沒用過 Excel 吧！實際上，用 Excel 整理關於數字的資料是很常見的。

Excel 的用途不只是「為了管理數字」，製作會議記錄等文書的時候，有的人不是使用 Word 而是使用 Excel，也有的人用於申請單的輸入格式，或是作為進度管理的甘特圖。這些人並不是在「管理數字」時使用 Excel，而是把它當作「製作文書工具」。

像這樣「不處理數字的 Excel 用法」在世上處處可見的情況絕非壞事。但是，**當要去使用 Excel 最能夠發揮的「操作數字」功能，卻有很多人因而感到困擾，形成極為諷刺的現象。**

因此，如果你想用 Excel「正確操作數字」的話，就應該記住 Excel 的基本規則。首先大前提的規則是認知**「Excel 是試算表軟體」。**

試算表軟體應該用於表格的統計上

試算表軟體就如字面那樣，是以「表」的形式來「試算」的軟體。「表」是以縱軸和橫軸的平面交錯表示，並將填入該處的數字「試算」因此叫做「試算表」。

例如，假設銷售額是 1 萬元，成本是 6 千元時，利潤是 4 千元。或者銷售 20 個單價 1 千元的東西時，銷售額是 2 萬元。把這些用 Excel 的「表」來呈現的話，就如圖 4-1 所示。

此時，利潤可以用「銷售額－成本」來計算，銷售額則能以「單價 × 銷售數量」推導出來。能夠幫我們做這些「計算」的就是「試算表」。**既然 Excel 是試算表軟體，「計算」這部分的功能才有價值。**

此外，Excel 畫面的橫軸從左到右是「A、B、C、D、E…」等英文字母。然後，縱軸從上到下寫著「1、2、3、4、5…」等數字。縱

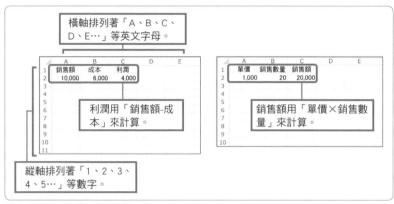

橫軸排列著「A、B、C、D、E…」等英文字母。

利潤用「銷售額-成本」來計算。

銷售額用「單價×銷售數量」來計算。

縱軸排列著「1、2、3、4、5…」等數字。

圖 4-1：Excel 是「試算表軟體」①

向排列的文字表示「列」，橫向排列的文字表示「欄」。或許各位**覺得「這不是理所當然的事嗎？」，但這個才是它身為「試算表」軟體的證明。**

如果只用來寫會議紀錄，或者作為輸入格式的話，這些英文字母和數字幾乎沒有意義。但是，作為試算表軟體使用的話，就會突然發揮威力。

比如剛才的例子，「銷售額」在「A 欄」的「第二列」，因此可以用「A2」的座標表示。「成本」在「B 欄」的「第二列」，所以就是「B2」。同樣的，「利潤」是「C2」。上述「利潤」是以「銷售額－成本」來計算，**因此把這個以座標表示的話，「C2」可以用「A2-B2」來計算，換句話說就是「C2=A2-B2」。**

另一個例子也是一樣，「單價（A2）」、「銷售數量（B2）」、「銷售額（C2）」之間的關係可以用「C2=A2×B2」來表示（圖 4-2）。

「C2」這個座標在第一個例子當中表示「利潤」，另一個例子表示「銷售額」。但是 Excel 完全不會管那個儲存格（C2）指的是「銷售額」還是「利潤」。「A2」或「B2」也一樣，純粹把「A2」、「B2」、「C2」等座標當作「資訊」使用。像這樣，**以座標掌握資訊，再使用該座標所輸入的數字，而在別的座標表示計算結果是 Excel 這個試算表軟體的最大特徵。**

這項功能才是 Excel 的本質、精髓。雖然之前已經提過了，但首先請確實體認「Excel 是試算表軟體」。

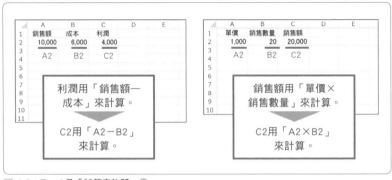

圖 4-2：Excel 是「試算表軟體」②

「自由度太高」是 Excel 的缺點

雖然 Excel 是試算表軟體，但要是認真用它來處理數字的話，就可以做超越「試算表」層級的事。例如「VBA」（Visual Basic for Applications）就是其中代表性的例子。VBA 是為了更方便使用 Excel 的程式語言。用 VBA 就可以把特定的儲存格、行、列等內容，根據一定的規則來替換，也能夠自動產生出表格或圖表（例如 Excel 的「主表」就是用 VBA 來撰寫的）。像這樣，能夠做出超越「試算表」本來的基本功能，是 Excel 很令人激賞的地方，但那也是 Excel 會發生問題的地方。

那個問題就是「Excel 的自由度太高」。可能會有人覺得「欸？那有什麼問題？」，**但實際上這太高的自由度，反而會造成 Excel 難以使用的副作用**。

如果覺得「Excel 的自由度太高」這說法太抽象，那麼或許可以說「Excel 是一個看起來好像資料庫卻不是資料庫的東西」（資料庫正確來說是 DBMS，也就是說它並不是資料庫管理系統）。

所謂資料庫是累積資料，然後再用那些資料來計算的軟體。

如此定義的話，聽起來很像 Excel 對吧？確實很相似，**但是很遺憾，Excel 並不是資料庫**。

例如，資料庫對「資料管理」有非常嚴謹的規定。這裡舉一些例子。

● 資料是以「列」為單位來確實管理。
● 如果沒有決定項目名稱，就無法在該列輸入數字或文字。
● 每個項目都指定了輸入格式（例如日期或數字等）以及長度。這以外的格式無法輸入。
● 如果「該項目什麼數字都沒有輸入」則視為「輸入了『什麼都沒有』的數值」。
● 計算結果基本上是放在另外的「表格」裡（例如用「A2」的銷售額和「B2」的成本，無法把計算出來的利潤放在隔壁「C3」的儲存格裡）。

或許這樣說明，各位可能也不明白我在說什麼。大致上來說，在資料庫「不遵守規定的話，不要說沒辦法計算，就連輸入資料也不行」。但是反過來說，**因為有這樣的限制，所以資料庫裡的資料不會那麼輕易毀損**，可以很放心地使用。

另一方面，Excel 因為不是資料庫，所以沒有那麼嚴謹的規定。可以說已經到了「只要想做什麼就可以做什麼」的地步。可以在任意儲存格裡輸入任意格式的數字或文字，而且也不必太擔心長度的問題（可以輸入約 3.3 萬字左右）。即使沒有決定項目名稱也沒關係，在任意場所填寫任意註記也無所謂。把儲存格或文字上色等等，改變外觀的方式也很自由。簡單的說，Excel 是「包山包海」（圖 4-3）。

可是這結果造成了，**Excel 經常發生很多「想要計算卻無法計算」的情況**。例如，數字項目如果全形和半形混在一起的話，就沒辦法做加總。或者，數字和單位寫在一起的話（例如「10 人」、「10 元」），就沒辦法做計算。

此外，只要一點操作上的錯誤就很容易損壞資料。比如按錯「Delete」鍵就會刪除資料、複製貼上的動作一旦不當，就會有欄位錯置的可能性。如果沒發現到而繼續計算的話，當然計算出來的數字不會是正確的（圖 4-4）。

總而言之，**因為 Excel 重視「使用者可以自由自在使用」的柔軟性，卻反而失去了確實做好資料管理的能力**。為了高度的自由，卻浪費了本來應該最擅長的試算表功能，因此這點就是，操作 Excel 時最應該注意的地方。

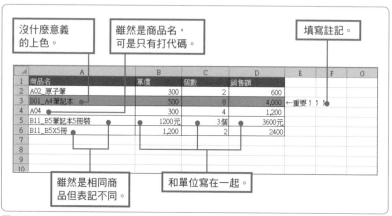

圖 4-3：Excel 的自由度太高

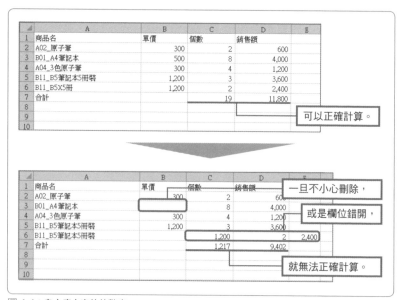

圖 4-4：自由度太高的的弊病

02 Excel是忠實而能幹的下屬！

　　雖然之前提到「Excel 太萬能，反而浪費計算功能」，但是如果可以正確操作的話，Excel 可以按指示計算一切。計算速度也很快，也不會有計算錯誤的情況發生。也就是說 Excel 是非常能幹的下屬。

　　另一方面，Excel 只能做「被指示的事」。如果指示錯誤的話，就會按錯誤的指示執行。也就是說，Excel 是過於忠實的下屬。**至於能不能讓忠實又能幹的下屬發揮它的實力，就是根據身為 Excel 上司的你**（圖 4-5）。

　　站在上司的立場面對 Excel，重要的並不是學會 Excel 的多樣功能，而是思考「怎麼使用數字、要做什麼自主判斷？」更為重要。

　　所以在操作 Excel 之前，首先把「目的」弄清楚吧！是為了什麼而看數字？是為想找出「疑點」？想驗證假說？應該要先解自己的目的，然後再來操作 Excel。

　　許多人**還沒弄清楚目的就開始工作，其結果容易被「數字」所操弄**。此外，在處理大量數字時弄得很紛亂、或是在實質上怎樣都無

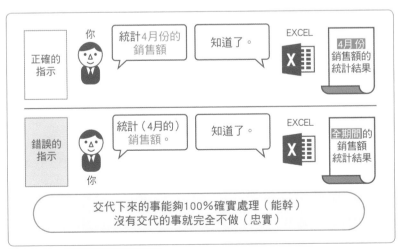

圖 4-5：Excel 是既忠實又能幹的下屬

關緊要的地方花費大量時間加以琢磨。**在大部分的情況下，那些都是沒有意義的工作。**

雖然之前提過很多次，**「操作數字」，並不是一股腦地把 Excel 使用得很完美的意思。**

用數字來找出疑點、驗證假說是很重要的，Excel 只不過是用來達成這些目的工具罷了。

先把困難的事全部丟到腦後！

一旦決定「目的（想做的事）」，接下來就可以對 Excel 下指示。這時應該注意的是，**「不要突然做很困難的事」。**

例如，雖然在本書故意略過，但 Excel 有稱之為「樞紐分析表」的資料統計功能。樞紐分析表是處理原始資料時非常強大的武器。但是，沒有必要一下子就去學會使用樞紐分析表的方法。

另外，Excel 有很多非常便利的函數（特別是 VLOOKUP 等等，都非常好用），但要一下子「記住一大堆函數」的話，應該會受到挫折吧！

而且，Excel 上面各種的功能區也是一樣。功能區裡有很多按鈕，每個按鈕都有它獨特而便利的功能。

但是除了微軟的開發者之外，應該沒有人會點擊所有的按鈕。

所謂「最低限度」的意思，就是「常用」標籤裡的「復原」、「框線」、「填滿色彩」、「字型色彩」、「百分比樣式」、「千分位樣式」、「調整小數位數」，學會這七種的話就足夠了（圖 4-6）。

當然，不管是樞紐分析表也好、Excel 函數也好、各種功能區也好，只要能夠加以充分活用，就可讓工作產能飛躍性提升，沒有所謂學得太多的問題。

但是，筆者認為之後再記住這些各式各樣的功能就可以了。就如先前所述，與其鍛鍊「作業能力」，還不如鍛鍊「解釋能力」比較重要。

更進一步說，**就算不能活用全部的功能操作，對於執行日常業務就已經足夠。**

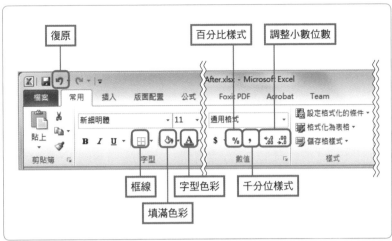

圖 4-6：學會功能區當中最低限度的「7 個功能」就已足夠

　對於不擅長 Excel 的人，首先學會最起碼的功能就行了，**請牢記這點再徹底活用並同時「思考數字」**。「先把困難的事全部丟到腦後」是不擅長 Excel 的人進步的訣竅。

Excel的活用規則①把Excel當作資料庫來使用吧！

活用 Excel 的關鍵在於「設定規則」

活用 Excel 的關鍵在於「設定規則」。雖說是「規則」，但也沒必要訂定一大堆規範，**只須記住 3 個基本規則就 OK**。

第一個規則是把試算表軟體 Excel 當作資料庫來使用。第二個是利用 Excel 的強項「用來『計算』與『減少手動輸入』」。然後，第三個是「經常理解資料的結構」。只要記得這 3 個就 OK（圖 4-7）。

那麼，現在逐一說明每個規則的概要。首先從第一個規則開始。

讓試算表更有效率，第一個鐵則就是「把它當資料庫來使用」。如先前所述，資料庫對於資料管理有非常嚴謹的規定，然後再以那樣的規定達到正確統計的效能。因為試算表軟體 Excel 沒有那樣的制約，結果反而造成試算表不好用的情況。

但是反過來說，**自己決定規則，然後遵守規則，Excel 也可以擁有資料庫的優點並能加以利用**。

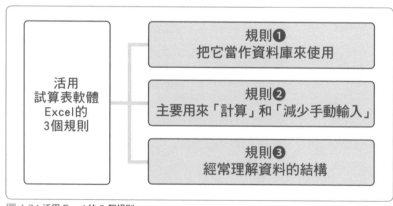

圖 4-7：活用 Excel 的 3 個規則

把 Excel「當作資料庫」的規則，大致上可分為「資料管理規則」與「統計規則」（圖 4-8）。首先，「資料管理規則」如下。

●把「項目」橫向排列（複數列也可以）。把資料維持沒統計的狀態而縱向排列。

●每一欄「務必」加上項目名稱。

●資料是以「列單位」來管理＝只在該列填入資料。

●數字務必用「半形」輸入（混入全形就沒辦法計算）。

●「數字」和「單位」分開輸入（只用純數字來計算）。

●不要無謂地上色及使用框線。

接著，「統計規則」如下。

●理解統計結果是複數軸所形成的「表格」（縱軸和橫軸有項目名稱）。

●時序數列要橫向排列。

●把想看的數字用想看的單位以固定格式配置（請參照 P.98）。

遵守這些規則，就可以把 Excel 使用得好像資料庫（圖 4-9、圖 4-10）。Excel 新手容易犯的錯，就是不遵守這些規則，**不斷上色加框線、在資料旁邊拚命加註記，讓人不禁懷疑「這個真的有在做資料管理嗎？」**。

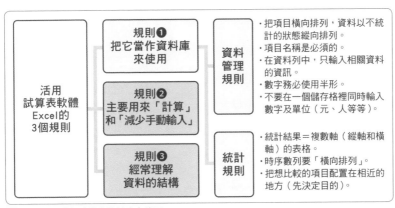

圖 4-8：規則①把它當作資料庫來使用

但是就像先前所述，因為 Excel 是根據「A2」或「B2」等座標位址來獲取資訊，所以像文字塗成紅色或框線加粗之類「為了讓人便於觀看、理解的安排」對於 Excel 的計算上毫無意義，反倒在試算表中**上色或加邊框有時只會礙事**。

在磨練自己整理出漂亮外觀的技巧之前，先從學會這些規則開始吧（不過在試算結果出來，要「向某人報告」時，這時就應該要留意外觀了）。

像這樣使用規則對 Excel 下指示的話，Excel 也會忠實回應你的需求。

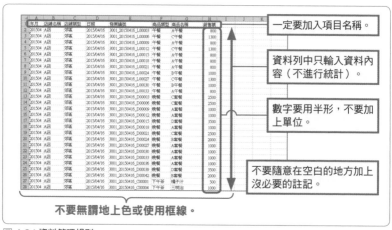

圖 4-9：資料管理規則

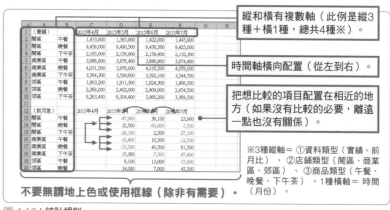

圖 4-10：統計規則

04 Excel的活用規則②交給它 「計算」和「減少手動輸入」吧！

在此解說關於 Excel 的活用規則第二條，將 Excel 用來『計算』與『減少手動輸入』。

在商務上對下屬指示的時候，請對方做他自己擅長的事，是讓工作能夠順利進行的鐵則對吧？

然後，「**正確無誤的計算**」與「**省去費時的手動輸入**」這兩項，正是 Excel **最擅長的領域**（圖 4-11）。

因此，這兩項工作就優先讓 Excel 處理吧！明明 Excel 那麼擅長計算，卻「不交代 Excel 處理計算作業」，根本可以說是下下之策。如果有「同時使用 Excel 和電子計算機」的情況，請立刻停止。**Excel 可以 100% 完全取代電子計算機的功能。**

另一個「減少手動輸入」也是 Excel 的最大特徵。在 Excel 可以用簡單的操作讓你代替輸入工作。而且，一旦設定好公式，就可以不斷反覆使用。既然同樣的計算式不必重覆輸入 2、3 次，這也可以說是省去手動輸入的麻煩吧！

只要能夠理解這兩項，就可以好好利用 Excel 進行計算工作。

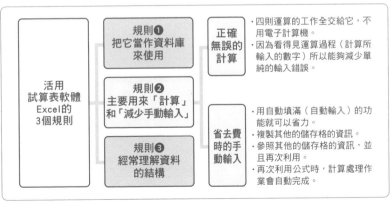

圖 4-11：規則②交給 Excel 去「計算」和「減少手動輸入」

「正確無誤的計算」是 Excel 的拿手技術

所謂 Excel「擅長正確無誤的計算」，是什麼意思呢？

例如，計算「1＋2＋3＋4＋5」，這種用心算也答得出來的題目，有時候也會有計算錯誤的時候吧？即便使用電子計算機，也有可能會打錯。

這時 Excel 就可以派上用場了。**Excel 能夠說是「可以看到運算過程＋可以修正輸入的電子計算機」**。請看圖 4-12，這些是表示基本的四則運算與 Excel 的四則運算。

Excel 就如先前所述，是用「座標」來指定儲存格並加以計算。

在圖 4-12 中也是一樣，Excel 的四則運算，是從 A 欄到 E 欄輸入數字，然後在 F 欄中進行計算。因為可以確認 A 欄到 E 欄之間有沒有輸入可疑的數字，所以能夠容易找到輸入錯誤，萬一有誤的話，立即重新輸入就 OK 了（具體敘述將在下一章解說，因此不用在這裡理解）。利用 Excel 來進行計算的話，會比電子計算機更不容易出錯，並且格外的有效率。

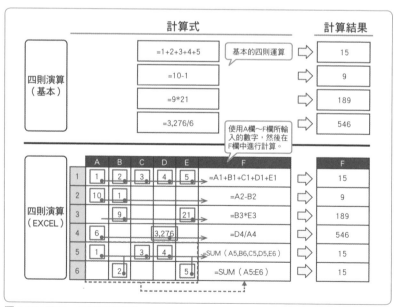

圖 4-12：用 Excel 計算的示意圖

146

▎只要有 Excel，手動輸入的作業就可以大幅減少

接下來，讓我們來看看視為 Excel 最大特徵的「減少手動輸入」吧！ **Excel 之中有很多功能，可以代替人們進行單純作業。**

例如，「自動填滿（自動輸入）」的功能就是非常具有減少手動輸入的效能。當想輸入 1、2、3 等連續數字時，它就可以代替人們輸入。同樣的，想輸入「星期一、星期二…」或者「10 月 1 日、10 月 2 日…」的時候也是一樣，Excel 都可以替你自動輸入。

而且，它可以用複製貼上的方式複製數字或文字，所以數字或文字只要輸入一次就很容易可以再使用。此外，這種複製貼上也可以針對「計算式」使用，所以就像先前說的，**計算式只要輸入一次就可以重複使用好幾次。**

還有像是，立即選取想要選擇的範圍、立即刪除所選取的範圍、要是不小心刪錯資料，也能夠在一瞬間復原，省去重新輸入的工夫。

雖然這些具體操作方法將在下一章做說明，但各位應該可以想像得出，這些功能減少了很多瑣碎的手動輸入吧！

第 4 章 操作 Excel 之前應該知道的事情

05 Excel的活用規則③ 經常理解資料的結構吧！

活用 Excel 的最後一個規則是「面對資料，然後理解它的結構」。這規則不僅適用於以 Excel 進行「數字的製作、分析」，還有「觀看」Excel 的資料時也能派上用場。因為一旦心中存有「理解結構」的意識，那麼「企業的商務結構」也可以解讀得出來（圖 4-13）。

那麼，來看看具體例子吧！首先，Excel 的資料分成 2 種，就是「交易」和「主表」。**「交易」指的是「最小單位的行為」**。原本這是指貿易往來的意思，亦即一方付錢並收到商品，無法再切分成更小的交易單位。將這些最小單位的行為紀錄全部收集起來，就稱之為「交易數據」。統計這些的話，就可以製作出本書一直在解說的事物，也就是商務上的「數字」。

另外，**「主表」是指「項目的清單」**。主表是以「特定事物（例如店鋪或商品等）」和「該事物的屬性資訊（例如地緣條件、價格等）」所構成的。只要看了主表，就能明白「有幾家店鋪？」或「有幾種店鋪類型？包含了哪些？」。所以，看那些就**可以掌握**「要選幾家店做什麼樣的分類？」、「要銷售幾種商品？價格區間大概是多少？」等等，**商務的整體面貌**。

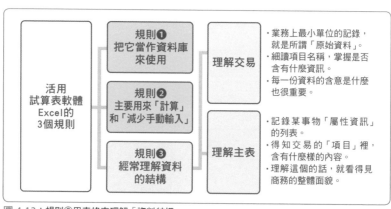

圖 4-13：規則③用表格來理解「資料結構」

關於交易

讓我們再具體一點看看交易是什麼吧！如圖 4-14 所示，這是第 3 章案例分析時所使用的「XLS 美食屋」銷售額明細。請思考如何以 Excel 的方式取得資訊。

首先這份資料，頁面下方的工作表名稱寫著「201504」。也就是說，可以推測出這張工作表是「2015 年 4 月的銷售額明細」。旁邊的「201505」就應該是 2015 年 5 月的明細，接下來的「201506」就應該是 2015 年 6 月，再下一張的「201507」就是 2015 年 7 月的吧。總而言之，可以得知這是一份「從 2015 年 4 月到 2015 年 7 月」的資料。

接下來，讓我們看看資料的內容。第一列儲存格有「年月」、「店鋪名稱」、「店鋪類型」等項目名稱。亦即用來表示「每一列所含的資料是什麼」。這就是所謂交易資料。只要看這份交易資料，就能夠得知圖 4-15 所描述的事物。

就像上表所彙整那樣，只要細看資料構造也可以知道很多事。

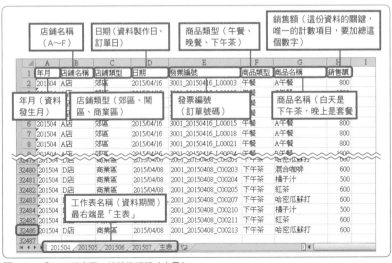

圖 4-14：「XLS 美食屋」的銷售明細（交易）

欄	項目	該項目表示的資訊	可讀取的訊息
A	年月	這份銷售明細是幾年幾月的資料？	一張工作表上的資料都是同年同月，所以這欄的數字都一樣（例如201504）。
B	店鋪名稱	這份銷售明細是哪家店的資料？	能夠得知A店～F店，這6家店鋪的資料。
C	店鋪類型	B欄的店鋪，是什麼類別的？	分成「郊區」、「商業區」、「鬧區」。
D	日期	這筆交易（銷售明細）的製作日期（計算銷售額的日期）	2015年4月16日、4月8日等，沒有按照順序。
E	發票編號	跟銷售連結的發票資訊。	1個記錄分配1個發票編號（利用價值顏低）。
F	商品類型	這份銷售明細是什麼商品的銷售額？	分成「午餐」、「晚餐」、「下午茶」。
G	商品名稱	這份銷售明細是什麼商品的銷售實績？	可得知最上面的是「A午餐」（G2），下一筆是「混合咖啡」（G3）。
H	銷售額	這份銷售明細的銷售額。	看G欄就知道1個記錄＝1個商品，所以銷售額表示「商品單價」。

圖 4-15：銷售明細的各種項目

　　那麼，讓我們也來確認資料的內容吧！請再次看圖 4-14。這次收到複數店鋪 4 個月份的銷售明細（2014 年 4 月～ 7 月），在 1 份工作表裡完整記錄 1 個月份所有的銷售明細。這個意思也就是說，**這份工作表的列數相當於「那 1 個月所銷售的商品數量（≒客人數量）」**。

　　這例子含有「32486 列」的資料。因為第一列表示「項目名稱」，所以就知道 2015 年 4 月銷售了「32,486-1=32,485 個」商品。

　　如果看圖 4-14 的「店鋪名稱」，因為 XLS 美食屋有「A 店～ F 店」的 6 家店鋪，所以「每家店鋪平均」表示每月有 32,485÷6 ≒ 5,414 個，「每天平均」有 5,414÷30 ≒ 180 個商品銷售。假設 1 個客人只買 1 個商品，那麼就可以試算出各家店鋪「每天來了 180 名顧客」。

　　如果讀到這裡都能理解的話，對交易的認知就足夠了。

關於主表

圖 4-14 右端的工作表名稱是「主表」。這張主表就如圖 4-16 所示。因為主表在這個例子當中，是理解 XLS 美食屋的商務非常重要的資訊，所以請務必仔細觀看。

看圖 4-16 就能得知有「店鋪主表」和「商品主表」。也就是說，光看到這個就能理解 XLS 美食屋是「在店鋪賣商品所進行的商務」。左邊的「店鋪主表」記錄「店鋪名稱（＝特定店鋪的資訊）」和「店鋪類型（＝特定店鋪的屬性）」。

店鋪數含有 A ～ F 這 6 家店鋪，店鋪類型有「郊區」、「鬧區」、「商業區」這 3 種。而且，也能得知 A 店和 E 店在郊區，B 店、C 店在鬧區，D 店、F 店在商業區。

另一方面，右邊的「商品主表」記錄「商品名稱（＝特定商品的資訊）」和，「商品類型，單價（＝特定商品的屬性）」。商品數是 15 種，而商品類型有「晚餐、午餐、下午茶」這 3 種類吧。

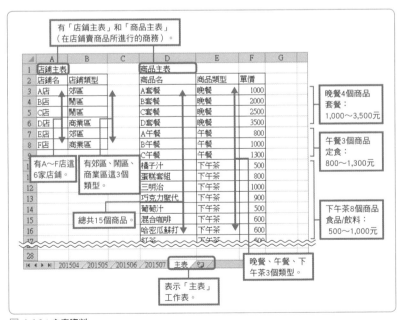

圖 4-16：主表資料

151

就像這樣，只要觀看主表，就能知道「XLS 美食屋有 6 家店鋪」、「店鋪類型有鬧區、商業區、郊區這 3 種」、「商品類型有晚餐、午餐、下午茶這 3 種」、「商品類別的單價，晚餐是 1,000 ～ 3,500 元等幅度很大的 4 種，午餐是 1,000 元左右的 3 種，下午茶主要是 500 ～ 600 元，再加一些高價位的 8 種」。**只要光憑這些，就能夠很清楚地想像 XLS 美食屋的商務類型是什麼吧**？

就像這樣，仔細觀看交易和主表的資料，對資料有更深刻的理解，在分析時應該就不會迷失方向。

那麼，「活用 Excel 的 3 個規則」就介紹到這裡。只要遵守這些規則，用 Excel 來操作數字就不會有很大的困擾。特別是根據第 3 條規則來理解資料，就可以做到 P. 131 所述「管理職應有的作業能力」當中的第一點，「能夠給予正確的作業指示」（圖 4-17）。

就如先前的例子所說，對資料結構有意識的話，就可以看清資料中「能夠理解的事」。接著可以依據這個，來明確分出能夠分析以及無法分析的事，所以就不會交代下屬進行「辦不到的事」。而且，因為能夠思考「如果想要知道某事，那麼還需要哪些資料？」，所以會去指示追加情報的收集和獲得。那麼下一章，將補足說明剩下 4 個使用 Excel 的方法。

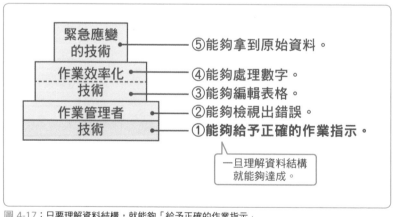

圖 4-17：只要理解資料結構，就能夠「給予正確的作業指示」

第 **5** 章

自由自在使用
數字的 Excel 操作術

這裡將介紹，在利用 Excel 操作數字時，
應該要懂的最低限度操作技巧。
在本書最後，也會解說第三章案例分析時所登場的表格，
實際上是如何製作出來的流程。
此外，操作 Excel 的時候，
請記住，計算式全部都要使用半型。
還有本章所介紹的快捷鍵都適用於 Windows 系統（並非麥金塔）。

【基礎篇】用Excel 不會失誤的計算方法

四則運算

「四則運算（加法、減法、乘法、除法）」，是計算的基本。因為要用 Excel 來取代電子計算機，所以先學會這個功能吧！

● 單一儲存格的計算

最簡單的用法是「單一儲存格裡完成的計算」。使用這個方法時，與其他儲存格都沒有關係。不只是四則運算，只要**用 Excel 來計算的時候，都從「＝（等於）」符號開始寫起**。而且，輸入計算式之後，按下「Enter」鍵就能執行計算（圖 5-1）。

不過請注意，雖然加法用「＋」，減法用「－」來輸入就好，但乘法要用「＊（星號）」，而除法要用「／（斜線）」。

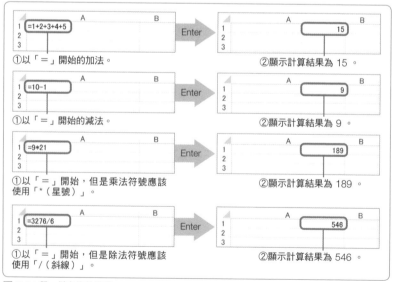

圖 5-1：單一儲存格的計算

● 參照其他儲存格來計算

接下來，介紹參照其他儲存格來計算的方法（圖 5-2）。這是廣用度很高的計算方法。雖然四則運算的輸入方法與單一儲存格裡計算時一樣，但是指定數字的方法不同。類似像「A1+B1+C1+D1+E1」

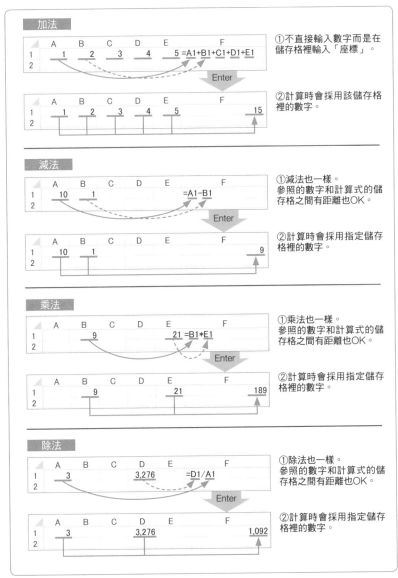

第
5
章

自
由
自
在
使
用
數
字
的
Ｅｘｃｅｌ
操
作
術

圖 5-2：參照其他儲存格來計算

這樣，以「含有該數字的座標位址」來指定。這個方法就像在第4章介紹那樣，「能夠一直看見計算時所使用的數字」是它最大的特徵（如果是在單一儲存格裡直接輸入的話，只能看見計算結果）。此外，參照的儲存格，和輸入計算式的儲存格之間彼此不相鄰也 OK。

●更便利的計算方法（SUM）

學會上述做法之後，四則運算就 OK 了。只要這樣就可以用 Excel 來取代電子計算機。但是，Excel 還有把計算變得更便利的功能，那就是「函數」。關於函數之後再詳述，先只簡單介紹最基本而且使用頻率很高的函數「SUM」。

SUM 就是把「加法」變得更便利的函數。有個別指定想要相加的數字之儲存格，也有指定範圍的方法（圖 5-3）。個別指定的話，就在「＝ SUM（）」的括號裡把指定的儲存格輸入並用逗號（，）分開，就可以幫你計算加法。若在「＝ SUM（）」的括號裡把儲存格範圍以冒號（：）指定的話，就可以計算加法。

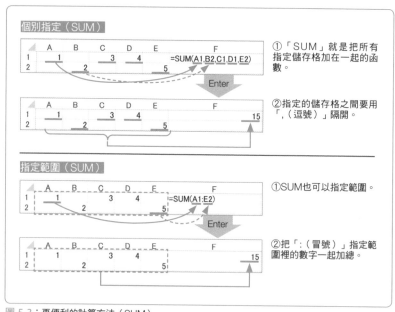

圖 5-3：更便利的計算方法（SUM）

02
【基礎篇】
減少浪費時間的手動輸入

‖ 自動輸入（自動填滿）

　雖然非常便利，但是大家卻不太知道的是「自動輸入（自動填滿）」的功能。**輸入有規律的數字或字串的時候，就能發揮很大的威力。**

●自動輸入「連續號碼」

　最便利的自動填滿是數字的輸入。輸入像「1、2、3…」的連續數字時非常便利。做法很簡單，只要輸入暗示規律的數字進去，然後拖曳就可以了（圖 5-4）。在拖曳的範圍內會以那個規律自動輸入數字。例如，輸入「1」、「2」的時候，就會自動填入「1、2、3、4、5…」。輸入「10」、「11」的時候，就自動填入「10、11、12、13…」，輸入「1」、「3」的時候，就自動填入「1、3、5、7、9…」。這種操作是縱向和橫向都可以活用。

　另外，只輸入「1」的話，會在所有儲存格自動填入「1」。同樣的，輸入文字「田中」的話，在所有儲存格裡都會填入「田中」。

●自動輸入「日期」

　「日期」也是一樣，用同樣的操作可以自動輸入（圖 5-5）。以

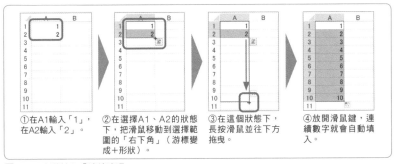

①在A1輸入「1」，在A2輸入「2」。　②在選擇A1、A2的狀態下，把滑鼠移動到選擇範圍的「右下角」（游標變成＋形狀）。　③在這個狀態下，長按滑鼠並往下方拖曳。　④放開滑鼠鍵，連續數字就會自動填入。

圖 5-4：自動輸入「連續號碼」

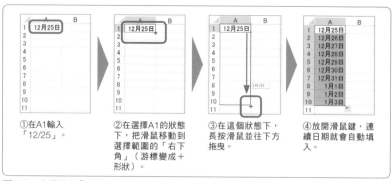

圖 5-5：自動輸入「日期」

「12/25」之類的方式輸入的話，就會自動轉換成「12月25日」。這時，雖然文字上沒有表示，但 Excel 會自動將該日期的年份，視為「輸入時的年份」。也就是說，在 2015 年輸入的話，就會被理解為「2015 年 12 月 25 日」。

在這個狀態下，用和剛才差不多一樣的方式往下方拖曳，日期就會自動輸入，而 2015 年 12 月 31 日的隔天就是 2016 月 1 月 1 日（畫面表示為「1 月 1 日」）。雖然圖的例子是縱向，但橫向也可以做同樣的事。

● 自動輸入「星期數」（更便利的方式）

「星期數」也可以用同樣方式自動輸入，但是這裡介紹更便利的方法，那就是「雙點擊自動輸入」。

使用這方法的條件，必須要有已輸入數字或文字的鄰接儲存格，讓 Excel「知道自動輸入要到哪裡為止」才行。這次，我們就使用方才所輸入的日期吧！因為 2015 年 12 月 25 日是星期五，所以在鄰接的 B1 儲存格裡輸入「星期五」，然後雙點擊 B1 儲存格的右下角，星期數就會自動輸入到 1 月 3 日為止（圖 5-6）。

║ 儲存格資訊的再利用

已經輸入的資訊如果能夠再利用的話，就能省去輸入的手續。

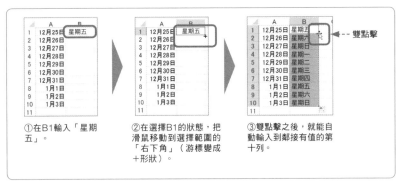

圖 5-6：自動輸入「星期數」（更便利的方式）

● 參照其他的儲存格

「參照其他儲存格，並採用其內容」的方法是基礎中的基礎。輸入方法很簡單，在「＝（等於）」之後，只要指定參照的儲存格就行

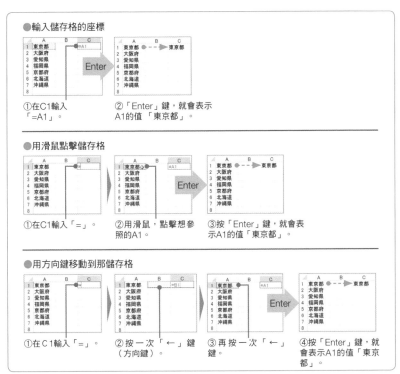

圖 5-7：參照其他的儲存格

了。指定儲存格的方法有 3 種，那就是「手動輸入儲存格的座標」、「用滑鼠點擊該儲存格」、「用方向鍵移動到該儲存格」（圖 5-7）。

　　此外這個方法，基本上只是「取出參照方的內容」，如果改變參照方的內容，參照儲存格的內容也會跟著改變。

●複製數字（或文字）

　　想要將儲存格的內容再利用，使用大家所熟悉的「複製貼上」就可以了。就如各位所知，快捷鍵是「Ctrl + C」（複製）→「Ctrl + V」（貼上）。先前在「參照儲存格」時，雖然更改原來的儲存格，就會改變參照儲存格的內容，但是複製的話，就算原來儲存格的內容改變，複製後的儲存格也不會有變化（圖 5－8）。

●複製計算式

　　複製含有「計算式」的儲存格，而貼到其他儲存格的話，複製的不是計算結果，而是用來計算的式子。例如，在 A1 輸入「10」、在 B1 輸入「1」、然後在 C1 輸入「=A1-B1」、在 C2 複製 C1 的話（在 C1 按「Ctrl + C」→在 C2 按「Ctrl + V」），就不是複製計算結果「9」而是複製計算的式子「=A1-B1」。但是應該注意的是**從 C1 複製到 C2 之後，C2 的算式變成「=A2-B2」**。可能有人想問「為什麼？」，但其實這是非常合理的。

　　複製計算式的時候，很多時候並不想複製「計算結果」，而是「計算的方式」。例如在計算「從銷售額 10 萬元減去成本 1 萬元，結果利潤是 9 萬元」的時候，如果下一列輸入的資料是「銷售額 20 萬元，成本 5 萬元」，那麼這時想複製的應該不是「利潤 9 萬元」，而是「**從銷售額減去成本」的算式吧？**

　　為了要做到這一點，Excel 在複製計算式的時候，採取「計算式所用的儲存格與參照儲存格之間的相對位置關係」，再重新製作計算式。這就是所謂**「相對位置關係的參照」簡稱「相對參照」**（圖5-9）。以這次的例子來說，在 C1 所輸入的「=A1-B1」，對 C1 來說是指「從左邊第 2 個儲存格減去左邊第 1 個儲存格」，所以複製到 C2 之後，就變成「=A2-B2」。（圖中的例子是縱向移動，但是橫向移動也一樣可以。也就是說，把 C1「=A1-B1」複製在 D3 的話，就

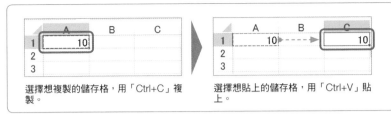

圖 5-8：複製數字（或文字）

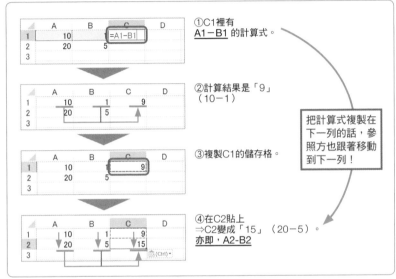

圖 5-9：複製計算式

會變成「D3 的左邊第 2 個 - D3 的左邊第 1 個」等於「=B3-C3」）。

●複製計算結果

　　當然有的時候，想複製不是「計算式」而是「計算結果」。這時就要利用「貼上值」的功能。

　　跟方才一樣，選擇 C1 而用「Ctrl + C」複製。這時，請點擊右鍵在想貼上的儲存格（這次是 C2）。然後從「選擇性貼上」的地方，點擊寫著「123」數字的剪貼板圖樣。如此一來，就可以貼上「值」，亦即計算結果（圖 5-10）。

　　附帶一提，按錯的時候，點擊貼上儲存格（這次是 C2）右下角所

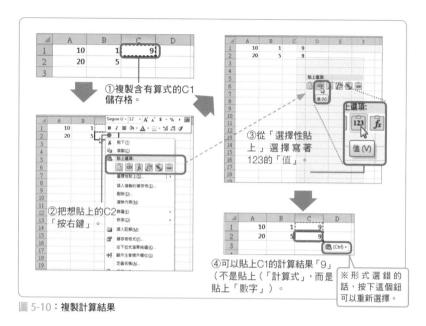

圖 5-10：複製計算結果

顯示「（Ctrl）」的按鈕，就可以重新選擇指定方式。

●用絕對參照複製

貼上值非常有用，與計算式的複製（相對參照）組合在一起的話，就可以應付大部分的情況。但是，**為了要使用得更便利，最好先行學會的是「絕對參考的複製」**。

具體來說，「想保留原來的計算式而複製計算結果」的時候（例如，參照方儲存格的內容有變更時，想把這變更也顯示在複製方儲存格）很有用。

方法很簡單，只要按「F4」鍵即可。如此一來就能像「=$A$1」一樣，在儲存格的文字裡追加「$」。「=$A$1」就是「絕對參照A1」的意思，就算移動到其他儲存格也會繼續參照那個座標的意思（順帶一提，沒有追加符號是「相對參照」）。使用這個方法的話，不管複製到哪裡去也不會改變參照的儲存格。另外，到目前為止所介紹的是「複製時的操作」，但是「絕對參照」和「相對參照」之間的切換，是「複製前的操作」，請各位要特別注意（圖 5-11、圖 5-12）。

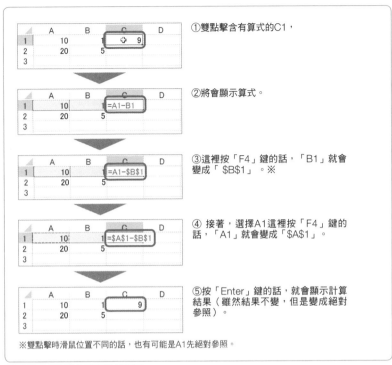

①雙點擊含有算式的C1，

②將會顯示算式。

③這裡按「F4」鍵的話，「B1」就會變成「$B$1」。※

④ 接著，選擇A1這裡按「F4」鍵的話，「A1」就會變成「$A$1」。

⑤按「Enter」鍵的話，就會顯示計算結果（雖然結果不變，但是變成絕對參照）。

※雙點擊時滑鼠位置不同的話，也有可能是A1先絕對參照。

圖 5-11：用絕對參照複製（準備）

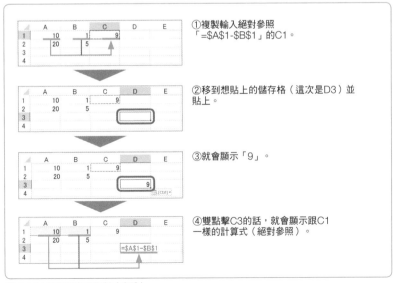

①複製輸入絕對參照「=$A$1-$B$1」的C1。

②移到想貼上的儲存格（這次是D3）並貼上。

③就會顯示「9」。

④雙點擊C3的話，就會顯示跟C1一樣的計算式（絕對參照）。

圖 5-12：用絕對參照複製（實踐）

●對數值使用絕對參照（只絕對參照列、只絕對參照欄）

　雖然絕對參照的表記「$A$1」是 A 和 1 都附著「 $ 」，但是也可以像「$A1」或「A$1」這樣，「只絕對指定 A」、「只絕對指定 1」。這些指定方式，只要每按一次「F4」鍵就能夠切換（圖 5-13）。

　如同前述，「$A$1」是「只持續參照 A1」的意思。另一方面「$A1」，則是即使移動到 C 欄、E 欄、F 欄或其他欄位，也只「參照 A 欄（固定了 A 欄）」。

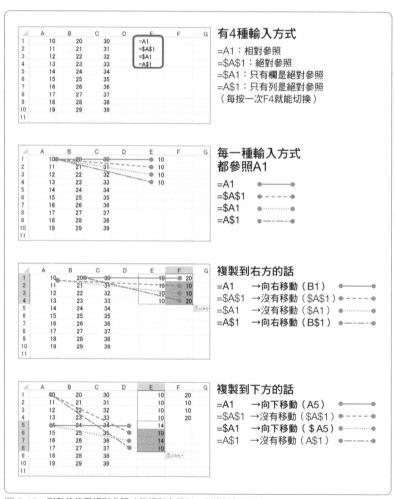

圖 5-13：對數值使用絕對參照（只絕對參照列、只絕對參照欄）

不過，往縱向移動就不一定了。也就是說，在 E1 輸入「=$A1」的話，因為已經固定在 A 欄了，所以不管在 F1 貼上、在 G1 貼上、都是「=$A1」，但是在 E5 貼上（下 4 列）的話，因為欄是絕對而列是相對，所以會變成「=$A5」。

另一方面，固定列的話「=A$1」會怎麼樣？這時，因為欄是相對，列是絕對，所以橫向移動的時候，參照座標的欄位也會跟著變動（也就是說，像「=B$1」、「=C$1」等等）。

省略移動或選擇的動作

為了提升 Excel 的生產性，把手動作業控制到最小程度是非常重要的。特別是用滑鼠做「移動」、「選擇範圍」的時候，非常容易發生錯誤，所以希望各位能夠使用鍵盤，在做自動輸入（自動填滿）或複製的時候會很方便，請務必記得這一點。

●一邊移動一邊選擇（Shift + 箭頭）

按鍵盤的箭頭鍵（方向鍵）的話，就可以移動所選擇的儲存格。這時，若一邊按著「Shift」鍵再按方向鍵的話，就可以選擇那個範圍（圖 5-14）。這技巧在選擇連續儲存格時是非常有用的。

●一口氣大幅移動（Ctrl + 箭頭）

若是一邊按著「Ctrl」鍵再按箭頭鍵（方向鍵）的話，就可以一口氣大幅移動。移動的規律是「到有輸入與沒輸入的邊界為止」。光只用文字說明不容易了解，請參照圖示，總之是可以移動到「空白之

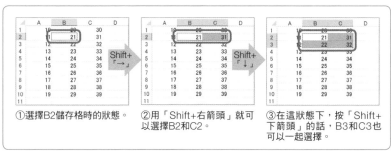

①選擇B2儲存格時的狀態。　②用「Shift+右箭頭」就可以選擇B2和C2。　③在這狀態下，按「Shift+下箭頭」的話，B3和C3也可以一起選擇。

圖 5-14：一邊移動一邊選擇（Shift ＋箭頭）

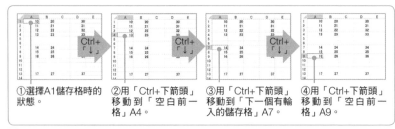

①選擇A1儲存格時的　②用「Ctrl＋下箭頭」　③用「Ctrl＋下箭頭」　④用「Ctrl＋下箭頭」
狀態。　　　　　　　　移動到「空白前一　　移動到「下一個有輸　　移動到「空白前一
　　　　　　　　　　　格」A4。　　　　　　入的儲存格」A7。　　格」A9。

圖 5-15：一口氣大幅移動（Ctrl ＋ 箭頭）

前的儲存格」或「鄰接空白的第一個有輸入的儲存格」。或許說成
「跳過空白的儲存格」比較容易理解。

　　使用這個技巧的話，就可以確認「這方向的儲存格是不是還有資
料？」（題外話，你也可以解決「Excel 的工作表有多少欄？」、「有
多少列？」的疑問）。

● 一口氣大幅選擇（Shift ＋ Ctrl ＋ 箭頭）

　　很聰明的人應該會發現，「Shift ＋ 箭頭鍵（一邊選擇一邊移動）」
和「Ctrl ＋ 箭頭鍵（一口氣大幅移動）」可以組合在一起。也就是
說，一邊按「Shift」鍵和「Ctrl」鍵，一邊再按箭頭鍵（方向鍵）的
話，「就可以選擇所有被輸入的部分」（圖 5-16）。**這部分在以後介**

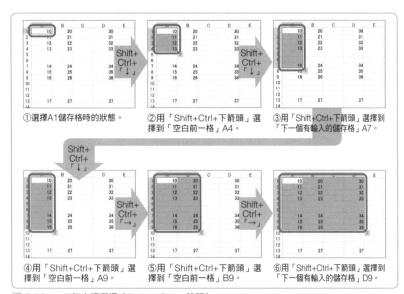

①選擇A1儲存格時的狀態。　②用「Shift＋Ctrl＋下箭頭」選　③用「Shift＋Ctrl＋下箭頭」選擇到
　　　　　　　　　　　　　　擇到「空白前一格」A4。　　　「下一個有輸入的儲存格」A7。

④用「Shift＋Ctrl＋下箭頭」選　⑤用「Shift＋Ctrl＋下箭頭」選　⑥用「Shift＋Ctrl＋下箭頭」選擇到
擇到「空白前一格」A9。　　　擇到「空白前一格」B9。　　　「下一個有輸入的儲存格」D9。

圖 5-16：一口氣大幅選擇（Shift ＋ Ctrl ＋箭頭）

紹函數計算時非常有用，因此請務必學會。

● 全選表單（Ctrl + A）

因為 Excel 是「試算表軟體」，所以 Excel 是以「表單」為單位掌握資訊。因此，可以一次選擇「含有被選擇儲存格的表單」，快捷鍵為「Ctrl + A」（圖 5-17）。

● 一次刪除選擇範圍（Delete）

不只是選擇，連「刪除」也一併學會吧！在選擇複數儲存格的狀態下按「Delete」鍵，就可以一次刪除所有範圍內儲存格裡的資訊（值及算式）（圖 5-18）。刪除時只使用「Backspace」鍵的人，請務必會使用「Delete」鍵的方法吧！

● 沒有點擊的狀態下編輯儲存格（F2）

在 P.163「絕對參照」的項目中，為了編輯計算式而「雙點擊」，這項工作也可以用快捷鍵來減輕作業。

選擇想要顯示計算式的儲存格，並按「F2」鍵，就可以確認算式（圖 5-19）。

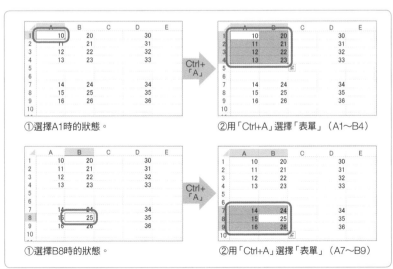

①選擇A1時的狀態。　②用「Ctrl+A」選擇「表單」（A1～B4）

①選擇B8時的狀態。　②用「Ctrl+A」選擇「表單」（A7～B9）

圖 5-17：全選表單（Ctrl + A）

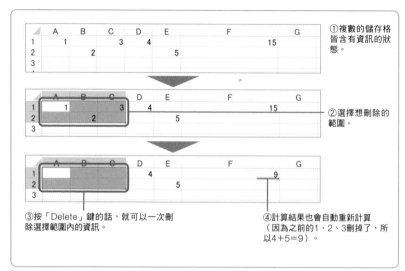

圖 5-18：一次刪除選擇範圍（Delete）

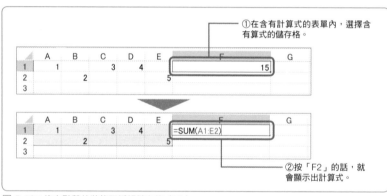

圖 5-19：沒有點擊的狀態下編輯儲存格（F2）

03 【基礎篇】整理外觀最低限度的方法

統一欄或列的寬度

到目前為止介紹了 Excel 四則運算以及減少手動輸入的技巧，接下來要介紹整理外觀最低限度的方法（另外「變更文字顏色」和「框線」是「有的話很方便」，但是因為「沒有也不會發生嚴重的問題」，所以本書沒有做說明）。

● 用雙點擊統一寬度

在儲存格裡有很多資訊的狀態下，有的時候因為欄寬限制而無法在螢幕上完全顯示。如果是數字的話，會用「E ＋ ●●」來表達「10 的幾次方」的意思。例如，「1.23 ＋ E09」是「1.23 × 10 的 9 次方」的意思。另外如果是文字的話，超過的部分就不顯示出來（要是右邊儲存格是空白的話，就會溢出顯示）。如果沒有顯示出「商品名稱」或「部門名稱」的話會很麻煩，所以是必須處理的部分。解決這種情況最快的方法就是，「在寬度不夠的儲存格右端做雙點擊」（圖 5-20）。

● 用手動（拖曳）調整寬度

用手動（拖曳）可以調整寬度成適當的大小（圖 5-21），因為此

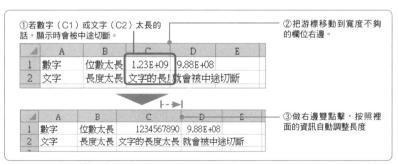

圖 5-20：用雙點擊統一寬度

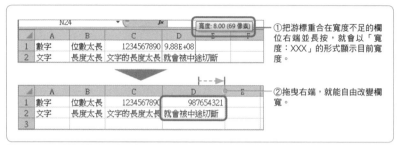

圖 5-21：用手動（拖曳）微調寬度

法比雙點擊更能自由改變寬度且方便，請務必學會。

活用工作區的按鈕

接下來，將介紹使用工作區的按鈕來調整外觀。這裡要特別說明如何調整「數字」的顯示外觀。

●用逗號來分節數字

數字顯示外觀的問題最常出現的就是「看不清楚位數」。一般而言，「1000000」應該要像「1,000,000」這樣，每 3 個位數加一個逗號來顯示。目的就是為了讓觀看的人容易了解這是 100 萬。在工作區「常用」標籤的正中央附近，只要按下「數值」的「，」就可以追加逗號（圖 5-22）。

●以百分比來表示數字

接下來是表示計算結果時的「百分比」。Excel 預設的顯示方式是小數點，但想要進行較為直觀的比較時，用百分比表示的情況會比較多。只要按「常用」標籤的「%」，0.1 就會變成 10%，而 0.04 會變成 4%（圖 5-23）。

●統一小數點以下的位數

「不用百分比表示，但想統一小數點以下的位數」這時就是工作區「增加（減少）小數位數」功能登場的時候了。使用它，就可以簡單統一位數（圖 5-24）。

①選擇輸入數字（1234567890）的儲存格。　②按下「常用」標籤的「，（千分位樣式）」。

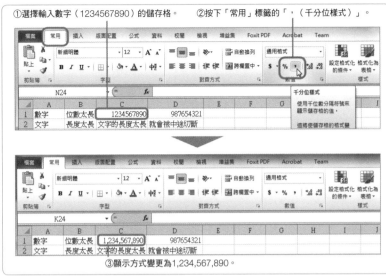

③顯示方式變更為1,234,567,890。

圖 5-22：用逗號分節，使數字位數更加直觀

①這是計算「=B1/A1」、「=B2/A2」…等除法時所顯示的計算結果。選擇計算結果的範圍。

②按下「常用」標籤中的「%（百分比樣式）」。

③變成以百分比來顯示的方式（小數點以下四捨五入）。

圖 5-23：用百分比表示數字

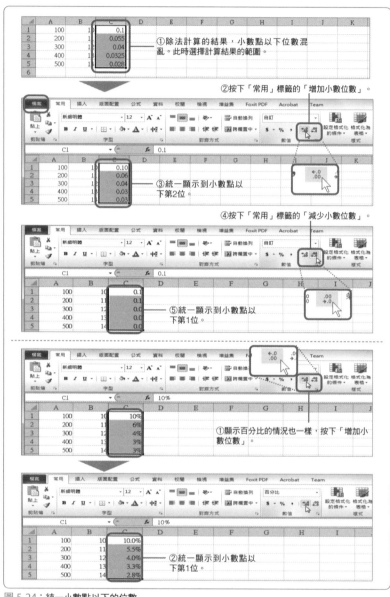

圖 5-24：統一小數點以下的位數

●凍結窗格

　到這裡為止，各位已經學會了關於整理外觀「最低限度」的技巧。最後，再介紹 1 個「知道的話就更加方便」的技巧，那就是看

表格的時候，固定項目欄位的方法。只要按下檢視標籤裡的「凍結窗格」，就能在檢視下方或右方時，選擇一部分的表格固定不動（圖5-25）。

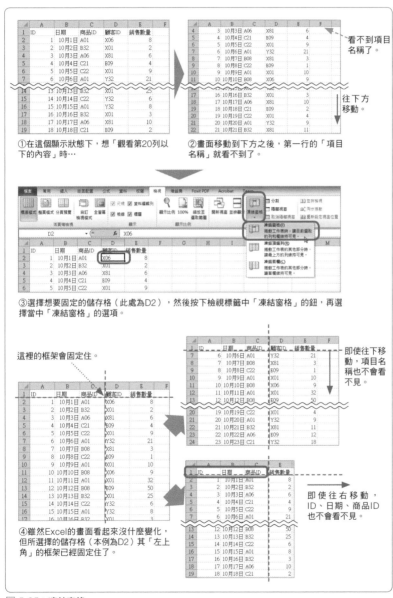

圖 5-25：凍結窗格

【基礎篇】
來使用函數吧！

　　從這裡開始，將介紹使計算更為方便的「函數」。雖然有很多便利的函數，但是並不需要將它們全部記住。就如同之前多次提到，Excel 只是工具，重要的不是擅於操作 Excel 函數，而是「將數字活用在實務上（當然，能夠活用多種函數更好）。

　　因此，本書將介紹可在日常業務派上用場、並且是最低限度該具備的函數。具體來說，是「6+1，7 種」。基本上，這裡所要學會的是「加總」和「計數」。

　　雖然也有順帶提及的「計算平均」，但是實際上把加總結果除以個數就是平均，利用四則運算就可以解決，所以真正最低限度的部分就只有「加總」和「計數」而已。

　　不過關於「加總」和「計數」，請學會 3 種形式。亦即「全部加總、計數」、「特定條件加總、計數」、「複數條件加總、計數」這 3 種。雖然可能有人覺得「好像有點複雜」，但要學習的都是國中一年級程度的英文單字（圖 5-26）。

①全部加總：SUM ← SUM 是表示「合計」的英文單字。
②特定條件加總：SUMIF ←以「IF」（假如）來指定特定條件。

	加總	計數	計算平均
全部	SUM	COUNT	
加上特定條件	SUMIF	COUNTIF	AVERAGE
加上複數條件	SUMIFS	COUNTIFS	

圖 5-26：應當學會的函數

③複數條件加總：SUMIFS ←以 IF"S" 來指定複數條件。

④全部計數：COUNT ←「COUNT」是表示「計數」的英文單字。

⑤特定條件計數：COUNTIF ←以「IF」（假如）來指定特定條件。

⑥複數條件計數：SUMIFS ←以 IF"S" 來指定複數條件。

⑦計算平均：AVERAGE ←「AVERAGE」是表示「平均」的英文單字。

雖然是按照順序解說用法，但在這之前請先學會函數的「規定」。那就是不管什麼函數，輸入方式一定都是照「＝函數（XXXXXXX）」這樣的形式。而且在括弧（）裡輸入 2 個以上資訊的話，基本上是以「,（逗號）」來分隔。反過來說，有「,」就是括弧（）裡含有 2 個以上的資訊。

把全部加總（SUM）

●把指定的儲存格全部相加（SUM ＋逗號）

一開始希望各位學會的是，把想要相加的儲存格按照指定順序來加總。

依循函數的規定，輸入「=SUM（」後，選擇一個想要相加的儲存格，然後輸入「,」。接下來，再選擇下一個想相加的儲存格。反覆幾次這樣的程序，最後不輸入「,」，而是輸入這個「）」來關閉括弧，這樣就完成了（圖 5-27、圖 5-28）。

例如，想把 A1 和 A2 相加的話，就寫成「=SUM（A1, A2）」，想把 B1、B2、B3 加在一起的話，就變成「=SUM（B1, B2, B3）」。當然，想要相加的儲存格之間有距離也沒有關係（和四則運算時一樣）。

●把指定範圍的儲存格相加（SUM ＋冒號）

接下來，將介紹指定範圍相加的方法。雖然可以像方才那樣，一個一個依序指定，總共指定 5 個儲存格，但有一次就能指定的方法。在 Excel 裡，把想相加的儲存格範圍把「:（冒號）」夾起來的話，就能夠指定範圍（圖 5-29）。選擇範圍可以用滑鼠拖曳，也可

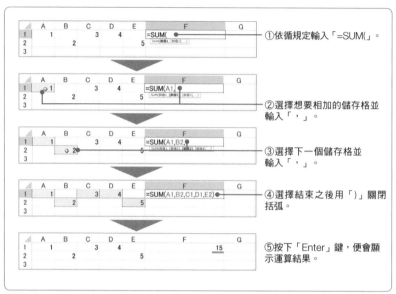

圖 5-27：將全部相加（SUM）

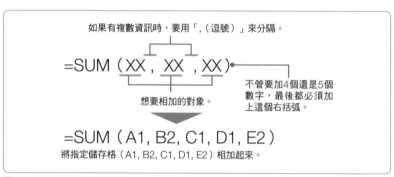

圖 5-28：SUM 的基本語法①

以用箭頭鍵。此外，如果是像 P.165 所介紹是按「Shift」鍵並移動，就可以省略輸入「:」（圖 5-30、圖 5-31）。有很多資料時，如果併用「一口氣大幅選擇（P.166）」中所介紹的「Shift + Ctrl + 方向」鍵，就可以讓作業更有效率。

　順帶一提，雖然這裡的解說，是將「)」關閉括弧視為「規定」的一部分，但**實際上最後的「)」是可以省略的**。但規定畢竟是規定，先記住「基本上應該都要自行輸入」吧！如果想要繼續鍛鍊 Excel 技術的話，學會基本規定絕對比較好。

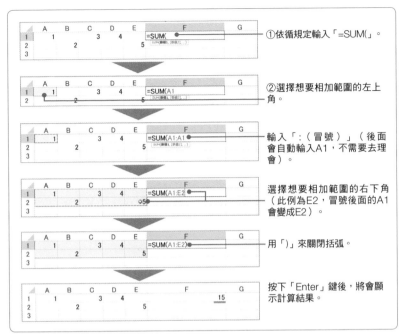

圖 5-29：將指定的範圍全部相加（SUM ＋冒號）

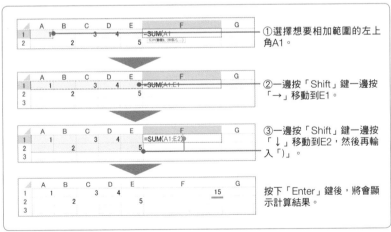

圖 5-30：將指定的範圍全部相加（活用 Shift 鍵）

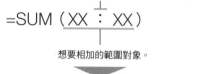

輸入指定範圍的左上及右下儲存格，並用「：(冒號)」分隔。

=SUM（XX ： XX）

想要相加的範圍對象。

=SUM（A1 ： E2）

將指定的範圍（本例為A1～E2之間）全部的儲存格數字相加起來。

圖 5-31：SUM 的基本語法②

特定條件加總（SUMIF）

理解 SUM 之後，接下來是「SUMIF」。就如同「IF（假如）」字面上所示，就是「假如符合條件的話就相加」的意思。如果能夠操作得當，就不需要自己去挑選擇符合條件的對象，讓 Excel 幫忙自動選擇並計算加總。

●相加時使用指定儲存格本身的值

首先來介紹類似「只相加比 10 大的數字」這樣，指定條件來加總的方法。雖然在商務上並不是那麼常用，但因為是基本操作，所以還是先學會吧！輸入「=SUMIF（」之後，就選擇想要加總的範圍，然後輸入「，」開始設定指定條件。接著，把想指定的條件用「""（雙引號）」括起來。如果是「10 以上的數字」，就輸入「">10"」。然後關閉括弧並按「Enter」鍵就可以幫你做加總「10 以上的數字」（圖 5-32、圖 5-33）。

●相加時使用參照其他儲存格的值

接下來是商務上經常運用的 SUMIF 用法。那就是在「其他欄」指定條件並檢索「列」，然後只對被檢索列中「想加的欄」做加總（圖 5-34）。就像「把 Excel 當作資料庫來使用吧！」（參照 P.142）之中所說的那樣，要對 Excel 的每一「列」都是「一筆相關資料」的概念。所以，就像圖 5-34 的例子來說，就可以將 C 欄（記錄商品 ID 的欄位）檢索出商品 ID「A01」，然後再把那列 E 欄的值（＝商品

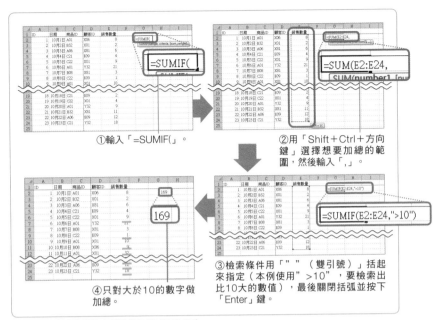

①輸入「=SUMIF(」。

②用「Shift＋Ctrl＋方向鍵」選擇想要加總的範圍，然後輸入「,」。

③檢索條件用「" "（雙引號）」括起來指定（本例使用" >10"，要檢索出比10大的數值），最後關閉括弧並按下「Enter」鍵。

④只對大於10的數字做加總。

圖 5-32：利用條件檢索並計算加總（SUMIF）

將條件用雙引號括起來。

=SUMIF（XX:XX ， "XX" ）

檢索範圍　　　檢索條件
（統計範圍）

=SUMIF（E2:E24 ， ">10" ）

在E2～E24的範圍內，檢索出比10大的數字並計算加總。

圖 5-33：SUMIF 的基本語法①

ID「A01」的「銷售數量」）做加總（圖 5-34、圖 5-35）。

● 「取出」指定條件

　　雖然只要學會剛剛所說「參照其他儲存格並加以檢索後計算加總」就幾乎已經完美，不過還是再介紹更便利的技巧吧！那就是「取出條件」。將雙引號括起來的指定條件（以先前例子來說則是商品 ID「A01」），用指定儲存格的方式來代替（圖 5-36、圖 5-37）。

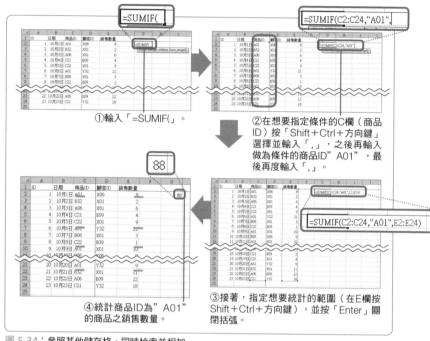

①輸入「=SUMIF(」。

②在想要指定條件的C欄（商品
ID）按「Shift＋Ctrl＋方向鍵」
選擇並輸入「,」，之後再輸入
做為條件的商品ID"A01"，最
後再度輸入「,」。

④統計商品ID為"A01"
的商品之銷售數量。

③接著，指定想要統計的範圍（在E欄按
Shift＋Ctrl＋方向鍵），並按「Enter」關
閉括弧。

圖 5-34：參照其他儲存格，同時檢索並相加

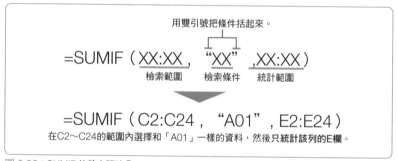

圖 5-35：SUMIF 的基本語法②

　　各位應該發覺到，這當中的條件「被取出來了」。先前在指定商品
ID時，用「"A01"」這樣使用雙引號來指示條件，Excel會解讀成
「文字A01」。另一方面，如果是用「G1」這樣沒有使用雙引號來指
示條件，就會被解讀成「G1這個座標的儲存格」。

　　也就是說，**雙引號有加或沒加，Excel的解讀也會有所不同**。這就
是指定條件時，使用「""（雙引號）」的理由。

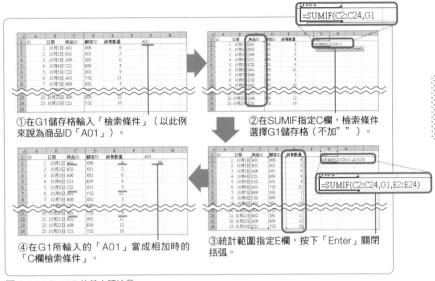

①在G1儲存格輸入「檢索條件」（以此例來說為商品ID「A01」）。

②在SUMIF指定C欄，檢索條件選擇G1儲存格（不加""）。

④在G1所輸入的「A01」當成相加時的「C欄檢索條件」。

③統計範圍指定E欄，按下「Enter」關閉括弧。

圖 5-36：SUMIF 的基本語法②

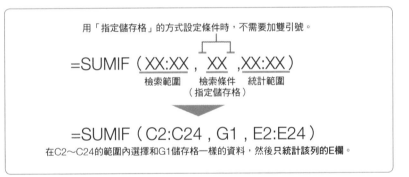

圖 5-37：SUMIF 的基本語法③

複數條件加總（SUMIFS）

接下來讓我們用「複數的條件」來進行檢索吧！雖然是像方才一樣檢索「特定商品 ID」，但這次檢索「特定商品 ID 之中，有特定顧客 ID 的資料」。像這樣因為檢索條件有兩個，所以「IFS」就是 IF 加上複數型「S」。

●複數條件加總

首先介紹基本型，用 "" 把指定條件括起來。此外，因為這與

「SUMIF」時所敘述的順序有很大的不同，請特別留意。

輸入「=SUMIFS(」之後，首先指定「統計範圍」（這次是銷售數量 E 欄），然後要將「進行檢索的範圍」與「檢索時的檢索條件」的結合，輸入必要的數字並加以指定（圖 5-38、圖 5-39）。在圖 5-38 的例子中，因為 C 欄（商品 ID）指定 B32，而 D 欄（顧客 ID）指定 X01，所以檢索條件的指定部分就是「C2:C24，"B32"，D2:D24，"X01"」。

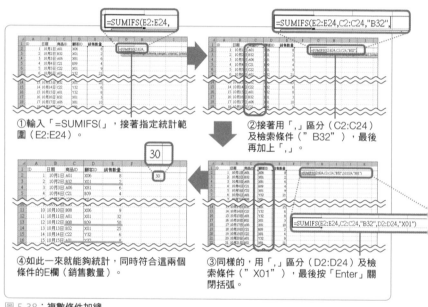

①輸入「=SUMIFS(」，接著指定統計範圍（E2:E24）。

②接著用「,」區分（C2:C24）及檢索條件（"B32"），最後再加上「,」。

③同樣的，用「,」區分（D2:D24）及檢索條件（"X01"），最後按「Enter」關閉括弧。

④如此一來就能夠統計，同時符合這兩個條件的E欄（銷售數量）。

圖 5-38：複數條件加總

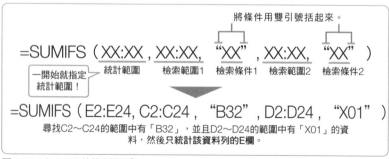

將條件用雙引號括起來。

=SUMIFS（XX:XX，XX:XX，"XX"，XX:XX，"XX"）

一開始就指定統計範圍！ 統計範圍 　檢索範圍1 　檢索條件1 　檢索範圍2 　檢索條件2

=SUMIFS（E2:E24，C2:C24，"B32"，D2:D24，"X01"）

尋找C2～C24的範圍中有「B32」，並且D2～D24的範圍中有「X01」的資料，然後只統計該資料列的E欄。

圖 5-39：SUMIFS 的基本語法①

●「取出」指定的複數條件

　接下來，和 SUMIF 時一樣，試著取出檢索條件吧！把方才用 " " 括起來所指定的「商品 ID B32」和「顧客 ID X01」，放到其他儲存格來指定。因為比較複雜一點，先在上面附加項目名稱。

　首先在「G1」輸入「商品 ID」、在「H1」輸入「顧客 ID」的項目名稱，然後在「G2」輸入商品 ID 的檢索條件「B32」，在「H2」輸入顧客 ID 的檢索條件「X01」。這樣就完成了準備工作。現在計

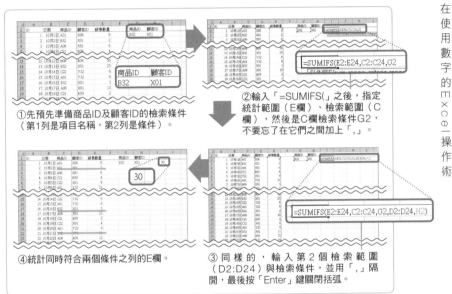

①先預先準備商品ID及顧客ID的檢索條件（第1列是項目名稱，第2列是條件）。

②輸入「=SUMIFS(」之後，指定統計範圍（E欄）、檢索範圍（C欄），然後是C欄檢索條件G2，不要忘了在它們之間加上「,」。

④統計同時符合兩個條件之列的E欄。

③同樣的，輸入第2個檢索範圍（D2:D24）與檢索條件，並用「,」隔開，最後按「Enter」鍵關閉括弧。

圖 5-40：「取出」指定的複數條件

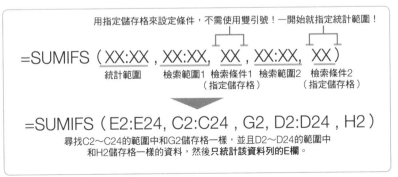

用指定儲存格來設定條件，不需使用雙引號！一開始就指定統計範圍！

=SUMIFS（XX:XX , XX:XX, XX , XX:XX, XX）

統計範圍　　檢索範圍1　檢索條件1　檢索範圍2　檢索條件2
　　　　　　　　　　　（指定儲存格）　　　　（指定儲存格）

=SUMIFS（E2:E24, C2:C24 , G2, D2:D24 , H2）

尋找C2～C24的範圍中和G2儲存格一樣，並且D2～D24的範圍中和H2儲存格一樣的資料，然後只統計該資料列的E欄。

圖 5-41：SUMIFS 的基本語法②

算式內只要指定檢索條件，不需加上 " "，就完成取出指定的複數條件（圖 5-40、圖 5-41）。

全部計數（COUNT）

接下來介紹的是「COUNT」。雖然它的語法和「SUM」一樣，但它不是用來做「加總」，而是為了「計算個數」的函數。

●計算有「數字」輸入的儲存格數量（COUNT）

因為寫法一樣，所以只要按照跟 SUM 一樣的方式輸入即可，只不過要用「COUNT」來取代「SUM」，如果之前已經有用 SUM 計算出結果的話，那麼把「SUM」改成「COUNT」之後，就可以立即顯示出結果（圖 5-42、圖 5-43）。

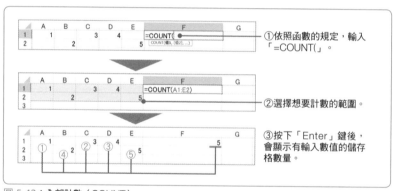

圖 5-42：全部計數（COUNT）

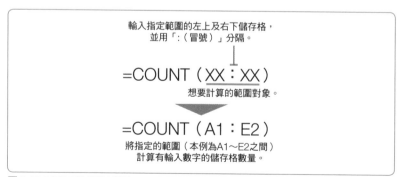

圖 5-43：COUNT 的基本語法

●計算有「任意資料」輸入的儲存格數量（COUNTA）

雖然這個函數是額外附加說明，但在提到 COUNT 時希望各位還能夠再順帶學會 1 個函數。那個函數就是「COUNTA」。雖然它和 COUNT 幾乎一模一樣，但 COUNT 是用來計算「輸入數字的儲存格」，可是 COUNTA 不管輸入的是文字或是數字，都會計算進去。換句話說，它是用來計算「非空白儲存格」的個數。

在定義最低限度時，雖然令我煩惱該不該把這個包含進去，但是

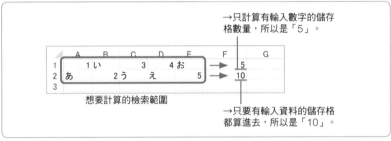

圖 5-44：計算「有輸入資料」的儲存格數量（COUNTA）

圖 5-45：COUNTA 的基本語法

完全不知道的話又好像缺了點什麼，所以各位請把它當作 COUNT 的變形並把它記起來吧（圖 5-44、圖 5-45）。

特定條件計數（COUNTIF）

COUNTIF 的寫法也和 SUMIF 一樣，只要符合條件就計數。但是，跟 SUM 不一樣的地方是「符合條件的資料，可以不去計數別的

欄位，只計數該欄位就可以了」。所以就像介紹 SUMIF 的例子那樣，使用「自己本身的數值來檢索」（參照 P.178）的技巧。

而且，對 COUNTIF 來說，數字和文字是沒有差別的（所以沒有「COUNTAIF」的函數）。這是因為在指定 COUNTIF 的條件時「會很明確的知道這是在指數字或者是文字」。

●用自己本身的值檢索並計數（不等式）

用數字大小作為指定檢索的條件，檢索出來的結果「只會有數字的儲存格」。因此，這裡就跟 SUMIF 時一樣，來計數「銷售數量是 10 以上」的儲存格吧（圖 5-46、圖 5-47）。

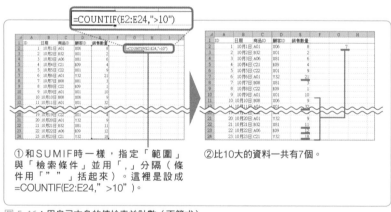

① 和 SUMIF 時一樣，指定「範圍」與「檢索條件」並用「,」分隔（條件用「""」括起來）。這裡是設成 =COUNTIF(E2:E24,">10")。

②比10大的資料一共有7個。

圖 5-46：用自己本身的值檢索並計數（不等式）

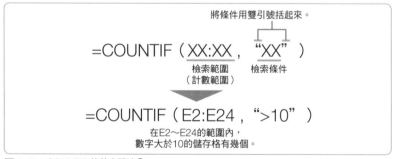

將條件用雙引號括起來。

=COUNTIF（XX:XX，"XX"）
        檢索範圍　　檢索條件
       （計數範圍）

=COUNTIF（E2:E24，">10"）
在E2~E24的範圍內，
數字大於10的儲存格有幾個。

圖 5-47：COUNTIF 的基本語法①

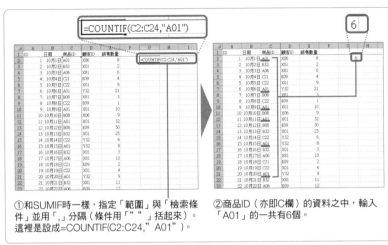

①和SUMIF時一樣，指定「範圍」與「檢索條件」並用「,」分隔（條件用「""」括起來）。這裡是設成=COUNTIF(C2:C24," A01")。

②商品ID（亦即C欄）的資料之中，輸入「A01」的一共有6個。

圖 5-48：用自己本身的值檢索並計數（不等式）

圖 5-49：COUNTIF 的基本語法②

●用自己本身的值檢索並計數（文字）

如果是「文字」的情況，不是像上述那樣用不等式做比較，而是在尋找「相同資料」並計數。

和 SUMIF 時一樣，用指定商品 ID 是 A01 來檢索並計算數量吧！另外，就像方才所說，因為它沒有相當於 SUMIF「統計範圍」的部分，所以和數字時的寫法一樣（圖 5-48、圖 5-49）。

●用自己本身的值檢索並計數（取出文字／條件）

取出條件和 SUMIF 一樣是可以的，這次讓我們不附加「""（雙引號）」，來指定儲存格吧（圖 5-50、圖 5-51）！

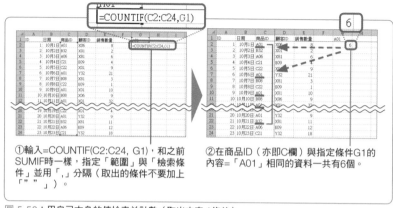

①輸入=COUNTIF(C2:C24, G1)，和之前 SUMIF時一樣，指定「範圍」與「檢索條件」並用「,」分隔（取出的條件不要加上「""」）。

②在商品ID（亦即C欄）與指定條件G1的內容=「A01」相同的資料一共有6個。

圖 5-50：用自己本身的值檢索並計數（取出文字 / 條件）

將條件取出（用儲存格指定）的時候，
不要使用雙引號。

$$=COUNTIF（\underline{XX:XX}，\underline{XX}）$$
檢索範圍　檢索條件
（指定儲存格）

$$=COUNTIF（C2:C24,G1）$$
在C2～C24的範圍內，計算與「G1儲存格」相同文字的儲存格有幾個。

圖 5-51：COUNTIF 的基本語法③

複數條件計數（COUNTIFS）

想指定複數條件，來計算數量的時候就使用「COUNTIFS」。讓我們和 SUMIF 一樣，以「商品 ID」和「顧客 ID」這 2 個條件來檢索，並試著計算數量吧！但是，就像 SUMIF 和 COUNTIF 之間有差別，SUMIFS 和 COUNTIFS 之間也有差別，那就是沒有相當於「統計範圍」的部分。因此，請注意寫法不一樣！

●用複數條件檢索並計數

雖然缺少 SUMIFS 的統計範圍，但檢索條件指定方法一樣，所以只要輸入需要數量的「檢索範圍和檢索條件」，而且不要忘了使用雙引號（圖 5-52、圖 5-53）。

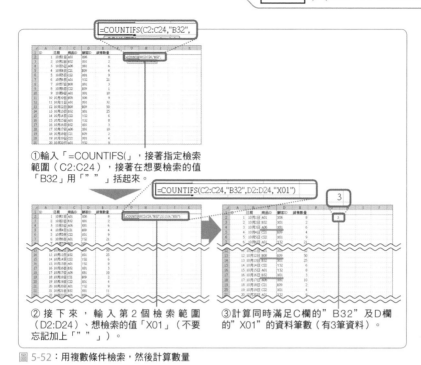

①輸入「=COUNTIFS(」,接著指定檢索範圍(C2:C24),接著在想要檢索的值「B32」用「"」括起來。

② 接下來,輸入第 2 個檢索範圍(D2:D24)、想檢索的值「X01」(不要忘記加上「"」)。

③計算同時滿足C欄的"B32"及D欄的"X01"的資料筆數(有3筆資料)。

圖 5-52:用複數條件檢索,然後計算數量

將條件用雙引號括起來!

$$=COUNTIFS(\underline{XX:XX},\ \underline{"XX"},\ \underline{XX:XX},\ \underline{"XX"})$$

檢索範圍1　檢索條件1　檢索範圍2　檢索條件2

$$=COUNTIFS(\underline{C2:C24},\ \underline{"B32"},\ D2:D24,\ "X01")$$

尋找C2~C24的範圍中已經輸入「B32」,並且D2~D24的範圍中輸入「X01」的資料,然後統計資料的列數。

圖 5-53:COUNTIFS 的基本語法①

● 使用取出的複數條件,檢索並計數

讓我們照 SUMIFS 那樣,取出檢索條件吧!這次也在 G2 儲存格和 H2 儲存格都預先各自輸入商品 ID 與顧客 ID 的「檢索條件」,然後再參照那些儲存格吧(圖 **5-54**、圖 **5-55**)。用儲存格參照來指定條件時,不要加上雙引號。

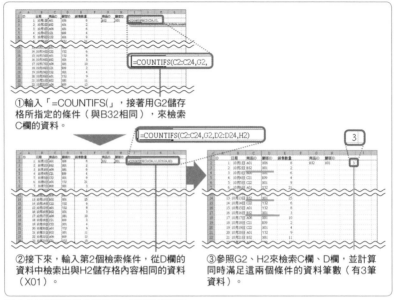

①輸入「=COUNTIFS(」，接著用G2儲存格所指定的條件（與B32相同），來檢索C欄的資料。

②接下來，輸入第2個檢索條件，從D欄的資料中檢索出與H2儲存格內容相同的資料（X01）。

③參照G2、H2來檢索C欄、D欄，並計算同時滿足這兩個條件的資料筆數（有3筆資料）。

圖 5-54：取出複數條件檢索，然後計算數量

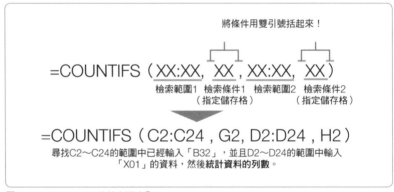

圖 5-55：COUNTIFS 的基本語法②

計算平均（AVERAGE）

此處所介紹的「AVERAGE」並不是絕對需要的，但因為有其學習的價值，所以把它作為第七個函數來介紹。

●計算平均

AVERAGE 函數是計算選擇範圍中，輸入數字儲存格的平均值。它的寫法與 SUM、COUNT 類似（圖 5-56，圖 5-57）。

平均值的計算可以用「SUM 的結果 ÷COUNT 的結果」得到一樣的結果。所以，即使不使用 AVERAGE 函數，在某個儲存格（例如 G2）計算 SUM，在另外的儲存格（例如 G3）計算 COUNT，然後在別的儲存格（例如 G4）設定「SUM 的結果儲存格 ÷COUNT 的結果儲存格」就可以了。

此外，上述 SUM 和 COUNT 的計算，如果只用一個儲存格的話，可以寫成「=SUM(E2:E24)/COUNT(E2:E24)」並得出同樣的結果。

不過，用 AVERAGE 的話，就可以更加簡化計算的步驟。雖說如此，只要真的熟悉最低限度的函數，活用「SUM」、「SUMIF」、「SUMIFS」、「COUNT」、「COUNTIF」「COUNTIFS」這 6 個，再用四則運算加以組合，就應該可以應付大部份的場合。那麼，接下來為了讓各位了解目前所學到的「超初步技巧」可以處理多少事情，因此接下來要製作使用於第三章案例分析的「表單」，並加以確認吧！

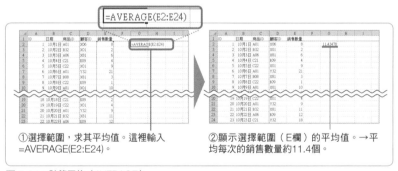

①選擇範圍，求其平均值。這裡輸入 =AVERAGE(E2:E24)。

②顯示選擇範圍（E欄）的平均值。→平均每次的銷售數量約11.4個。

圖 5-56：計算平均（AVERAGE）

輸入指定範圍的左上及右下儲存格，並用「:（冒號）」分隔。

$$=AVERAGE（XX:XX）$$

想要計算平均的範圍對象。

$$=AVERAGE（E2:E24）$$

將指定的範圍（本例為E2～E24之間）計算有輸入數字的儲存格之平均值。

圖 5-57：AVERAGE 的基本語法

05

【實踐篇】
製作案例分析的數字吧！

在第 3 章介紹了虛構連鎖餐廳「XLS 美食屋」的案例分析（參照 P.121）。這裡將製作案例分析所使用的表單，作為本書的總結。**所運用的方法都是截至目前所學到的最低限度的技巧**（圖 5-58）。

此外，這裡使用的資料以及製作完成的工作表，可以在網路下載（參照 P.8）。按照範本，實際親手操作的話，應該能夠有更深刻的領悟。另外，雖然在這裡介紹的本來就是案例分析，但請把它想像成「處理數字實務」，不要流於單純的按表操課，並應用於真實的日常業務。製作數字的基本流程是根據第 3 章所介紹那樣，從想像 OUTPUT 開始。定義 OUTPUT 的統計表單之後，就能以此為目標，進行必要的統計作業。這時，如果只單純作統計的話，有時可能不太適合做數字的比較，必須重新排列比較容易比較的形式來「完成 OUTPUT」（圖 5-59）。

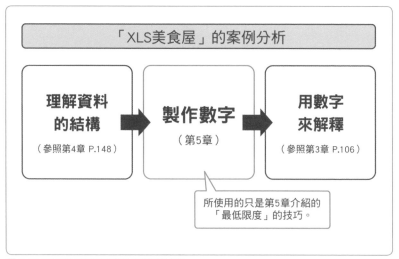

圖 5-58：本章在案例分析當中所扮演的角色

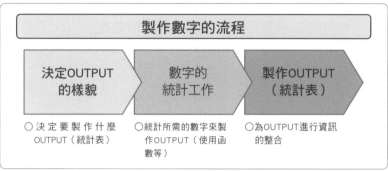

圖 5-59：製作數字的流程

‖「STEP 1 製作全店鋪銷售變化」的實際作業

　　首先，讓我們來看看在第 3 章 STEP 1 所使用的，統計全店鋪的月銷售額變化表的流程（圖 **5-60**）。

　　為了製作這張表單，首先固定 OUTPUT 的樣貌。這次要以「把全店鋪的月份統計銷售額，跟前月做比較」為目標。就像第 4 章（P.149）那樣確認，因為原來資料是分成月份別工作表，所以這次在每個工作表都使用 SUM 做統計就好。統計結束之後，複製計算結果的值並貼上，做成最後的 OUTPUT，亦即統計表的形式。接著，只要把當月和前月的值用減法就能計算出差距，最後就能明白每個月的變化量了（圖 **5-61**）。

　　那麼，整理「全店鋪銷售額變化」的流程，就以「統計每月份的銷售額」（圖 **5-62**）、「複製統計結果，整理成 1 份工作表」（圖 **5-63**）、「計算跟前月的差額」（圖 **5-64**）的順序來介紹。

◢	A	B	C	D	E
1		2015年4月	2015年5月	2015年6月	2015年7月
2	全店鋪銷售額	35,114,000	35,103,000	32,800,900	32,232,800
3	前月差		-11,000	-2,302,100	-568,100
4					

圖 5-60：在第 3 章（P.122）登場的 XLS 美食屋的全店鋪銷售額（完成樣貌）

STEP 1　全店鋪銷售額變化

決定 OUTPUT樣貌	數字的 統計作業	製作OUTPUT （統計表）
・想看月份別的全店鋪統計銷售額的變化。 ・能夠看到月銷售額的統計結果，以及和前月的差距就可以了。	・將月份別銷售額用SUM統計銷售結果（圖5-62） ・複製計算式並再利用（圖5-63）	・在統計表上用「貼上值」來複製（圖5-63） ・用「減法」來計算前月差（圖5-64）

圖 5-61：STEP 1 整理全店鋪銷售額的流程

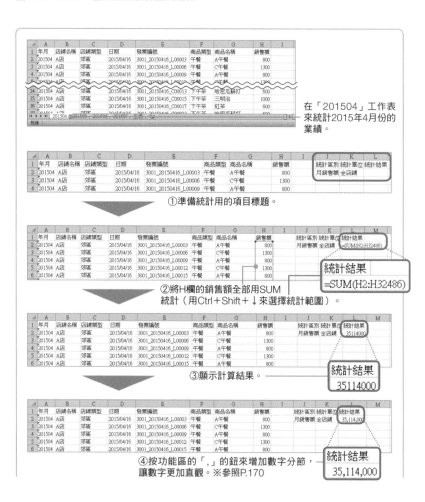

在「201504」工作表來統計2015年4月份的業績。

①準備統計用的項目標題。

②將H欄的銷售額全部用SUM統計（用Ctrl＋Shift＋↓來選擇統計範圍）。

統計結果
=SUM(H2:H32486)

③顯示計算結果。

統計結果
35114000

④按功能區的「,」的鈕來增加數字分節，讓數字更加直觀。※參照P.170

統計結果
35,114,000

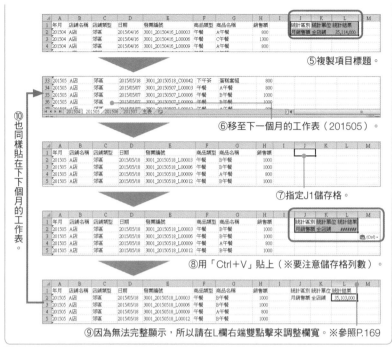

⑩也同樣貼在下下個月的工作表。

⑤複製項目標題。

⑥移至下一個月的工作表（201505）。

⑦指定J1儲存格。

⑧用「Ctrl+V」貼上（※要注意儲存格列數）。

⑨因為無法完整顯示，所以請在L欄右端雙點擊來調整欄寬。※參照P.169

圖 5-62：統計每月的銷售額（全店鋪銷售額的變化）

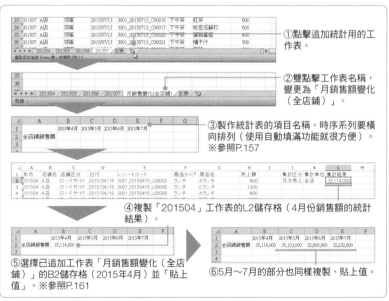

①點擊追加統計用的工作表。

②雙點擊工作表名稱，變更為「月銷售額變化（全店鋪）」。

③製作統計表的項目名稱。時序系列要橫向排列（使用自動填滿功能就很方便）。※參照P.157

④複製「201504」工作表的L2儲存格（4月份銷售額的統計結果）。

⑤選擇已追加工作表「月銷售額變化（全店鋪）」的B2儲存格（2015年4月）並「貼上值」。※參照P.161

⑥5月～7月的部分也同樣複製、貼上值。

圖 5-63：複製統計結果，整理成一張工作表（全店鋪銷售額變化）

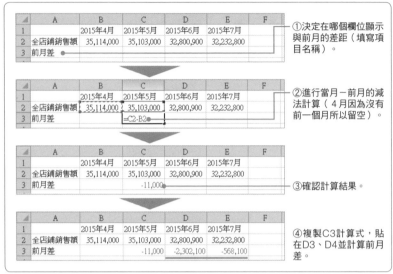

圖 5-64：計算與前月的差距（全店鋪銷售額變化）

「STEP 3 驗證假說（驗證 X、Y、Z 的假說）」的實際作業

驗證 X 什麼類型的店銷售額減少了？

接下來，要製作案例分析的步驟 3，為了驗證假說時的 3 張表單。首先製作用來驗證假說 X「因為是梅雨季，所以商業區外出用午餐的需求減少了嗎？」所使用的表單（參照 P.123）吧（圖 5-65）。

這裡應該確認的事情是「鬧區、商業區、郊區，什麼類型的店鋪減少了銷售額？」，因此需要統計「店鋪類型」的銷售額。雖然和先前在看全店鋪銷售額時，統計月銷售額的情況一樣，但這次為了「用店鋪類型來檢索並相加」而使用 SUMIF。這時，要好好利用絕對參照，讓計算式再利用吧！將其結果貼在 OUTPUT 的統計表上，並計算前月差（圖 5-66）。

現在把整理表單的實際流程依「按照月份統計」（圖 5-67）、「複製統計結果，並貼在同 1 張工作表」（圖 5-68）、「計算與前月之間的差距」（圖 5-69）的順序來介紹吧！

▲	A	B	C	D	E	F	
1	總計區別	店鋪類型	2015年4月	2015年5月	2015年6月	2015年7月	
2	月份銷售額	郊區	10,534,600	10,617,700	8,293,500	7,732,500	
3		鬧區	13,076,800	13,033,300	13,011,900	13,003,200	
4		商業區	11,502,600	11,452,000	11,495,500	11,497,100	
5	前月差	郊區		83,100	-2,324,200	-561,000	
6		鬧區		-43,500	-21,400	-8,700	
7		商業區		-50,600	43,500	1,600	
8							

圖 5-65：在第 3 章（P.123）登場的檢證 X 表單（完成樣貌）

STEP 3-1　驗證X：店鋪類別的銷售額變化

決定
OUTPUT樣貌

數字的
統計作業

製作OUTPUT
（統計表）

・想看店鋪類型的全店鋪
統計銷售額變化。
・為了能夠明顯看到變
化，前月差也需要計
算。

・將月銷售額、店鋪類型銷
售額用SUMIF來統計（圖
5-67）
・複製計算式並再利用（用
絕對參照來固定檢索範
圍、統計範圍，圖5-68）

・在統計表上用「貼上
值」來複製（圖5-63）
・用「減法」來計算前月
差（圖5-64）

圖 5-66：　驗證 X「店鋪類別的銷售額變化」表單的製作流程

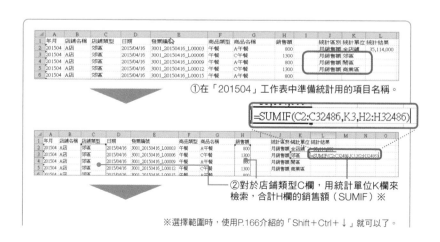

①在「201504」工作表中準備統計用的項目名稱。

$$=SUMIF(C2:C32486,K3,H2:H32486)$$

②對於店鋪類型C欄，用統計單位K欄來
檢索，合計H欄的銷售額（SUMIF）※

※選擇範圍時，使用P.166介紹的「Shift＋Ctrl＋↓」就可以了。

	A	B	C	D	E	F	G	H	I	J	K	L	M
1	年月	店鋪名稱	店鋪類型	日期	發票編號	商品類型	商品名稱	銷售額		統計區別	統計單位	統計結果	
2	201504	A店	郊區	2015/04/16	3001_20150416_L00003	午餐	A午餐	800		月銷售額	全店鋪	35,114,000	
3	201504	A店	郊區	2015/04/16	3001_20150416_L00006	午餐	C午餐	1300		月銷售額	郊區	10,534,600	
4	201504	A店	郊區	2015/04/16	3001_20150416_L00009	午餐	A午餐	800		月銷售額	鬧區		
5	201504	A店	郊區	2015/04/16	3001_20150416_L00012	午餐	C午餐	1300		月銷售額	商業區		

③在L3儲存格裡確認所統計的郊
區銷售額。

=SUMIF($C$2:$C$32486,K3,$H$2:$H$32486)

	A	B	C	D	E	F	G	H	I	J	K	L	M	N	O
1	年月	店鋪名稱	店鋪類型	日期	發票編號	商品類型	商品名稱	銷售額		統計區別	統計單位	統計結果			
2	201504	A店	郊區	2015/04/16	3001_20150416_L00003	午餐	A午餐	800		月銷售額	全店鋪				
3	201504	A店	郊區	2015/04/16	3001_20150416_L00006	午餐	C午餐	1300		月銷售額	郊區	=SUMIF($C$2:$C$32486,K3,$H$2:$H$32486)			
4	201504	A店	郊區	2015/04/16	3001_20150416_L00009	午餐	A午餐	800		月銷售額	鬧區				
5	201504	A店	郊區	2015/04/16	3001_20150416_L00012	午餐	C午餐	1300		月銷售額	商業區				
6	201504	A店	郊區	2015/04/16	3001_20150416_L00015	午餐	A午餐								

④在C欄、H欄使用絕對參照（K欄還是
一樣用相對的）※參照P.162

	A	B	C	D	E	F	G	H	I	J	K	L	M
1	年月	店鋪名稱	店鋪類型	日期	發票編號	商品類型	商品名稱	銷售額		統計區別	統計單位	統計結果	
2	201504	A店	郊區	2015/04/16	3001_20150416_L00003	午餐	A午餐	800		月銷售額	全店鋪	35,114,000	
3	201504	A店	郊區	2015/04/16	3001_20150416_L00006	午餐	C午餐	1300		月銷售額	郊區	10,534,600	
4	201504	A店	郊區	2015/04/16	3001_20150416_L00009	午餐	A午餐	800		月銷售額	鬧區	13,076,800	
5	201504	A店	郊區	2015/04/16	3001_20150416_L00012	午餐	C午餐	1300		月銷售額	商業區	11,502,600	

⑤複製在L4、L5鬧區、商業區的銷售額
用SUMIF統計。

	A	B	C	D	E	F	G	H	I	J	K	L	M
1	年月	店鋪名稱	店鋪類型	日期	發票編號	商品類型	商品名稱	銷售額		統計區別	統計單位	統計結果	
2	201504	A店	郊區	2015/04/16	3001_20150416_L00003	午餐	A午餐	800		月銷售額	全店鋪	35,114,000	
3	201504	A店	郊區	2015/04/16	3001_20150416_L00006	午餐	C午餐	1300		月銷售額	郊區	10,534,600	
4	201504	A店	郊區	2015/04/16	3001_20150416_L00009	午餐	A午餐	800		月銷售額	鬧區	13,076,800	
5	201504	A店	郊區	2015/04/16	3001_20150416_L00012	午餐	C午餐	1300		月銷售額	商業區	11,502,600	
6	201504	A店	郊區	2015/04/16	3001_20150416_L00015	午餐	A午餐	800					

⑥顯示出結束後複製計算式。

	A	B	C	D	E	F	G	H	I	J	K	L	M
34	201505	A店	郊區	2015/05/07	3001_20150507_L00003	午餐	A午餐	800					
35	201505	A店	郊區	2015/05/07	3001_20150507_L00006	午餐	B午餐	1000					
36	201505	A店	郊區	2015/05/07	3001_20150507_L00009	午餐	A午餐	1000					

⑦一邊長按「Ctrl」一邊點選201505、
201506、201507這3張工作表。※

	A	B	C	D	E	F	G	H	I	J	K	L	M
1	年月	店鋪名稱	店鋪類型	日期	發票編號	商品類型	商品名稱	銷售額		統計區別	統計單位	統計結果	
2	201505	A店	郊區	2015/05/18	3001_20150518_L00003	午餐	B午餐	1000		月銷售額	全店鋪	35,103,000	
3	201505	A店	郊區	2015/05/18	3001_20150518_L00006	午餐	B午餐	1000					
4	201505	A店	郊區	2015/05/18	3001_20150518_L00009	午餐	A午餐	800					
5	201505	A店	郊區	2015/05/18	3001_20150518_L00012	午餐	B午餐	1000					

⑧指定J3儲存格。

	A	B	C	D	E	F	G	H	I	J	K	L	M
1	年月	店鋪名稱	店鋪類型	日期	發票編號	商品類型	商品名稱	銷售額		統計區別	統計單位	統計結果	
2	201505	A店	郊區	2015/05/18	3001_20150518_L00003	午餐	B午餐	1000		月銷售額	全店鋪	35,103,000	
3	201505	A店	郊區	2015/05/18	3001_20150518_L00006	午餐	B午餐	1000		月銷售額	郊區	10,617,700	
4	201505	A店	郊區	2015/05/18	3001_20150518_L00009	午餐	A午餐	800		月銷售額	鬧區	13,033,300	
5	201505	A店	郊區	2015/05/18	3001_20150518_L00012	午餐	B午餐	1000		月銷售額	商業區	11,452,000	

⑨用「Ctrl＋V」貼上（一次貼在201505、201506、201507這3張工作表）

※複製貼上的時候，如果選擇複數工作表，被選擇的工
作表都會進行相同的處理。

圖 5-67： 驗證 X 統計每月銷售額

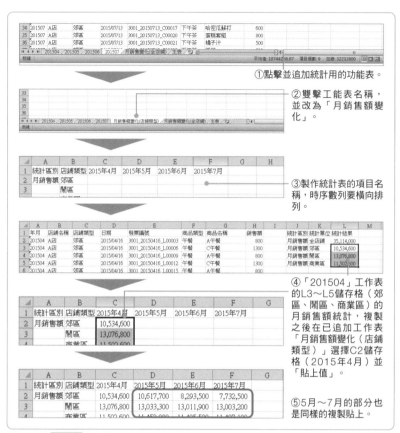

①點擊並追加統計用的功能表。

②雙擊工能表名稱，並改為「月銷售額變化」。

③製作統計表的項目名稱，時序數列要橫向排列。

④「201504」工作表的L3～L5儲存格（郊區、鬧區、商業區）的月銷售額統計，複製之後在已追加工作表「月銷售額變化（店鋪類型）」選擇C2儲存格（2015年4月）並「貼上值」。

⑤5月～7月的部分也是同樣的複製貼上。

圖 5-68：驗證 X 複製統計結果，統整成一張工作表

①決定與前月的差距要輸入在哪個欄位裡（填入項目名稱）。

②執行當月－前月的減法計算。

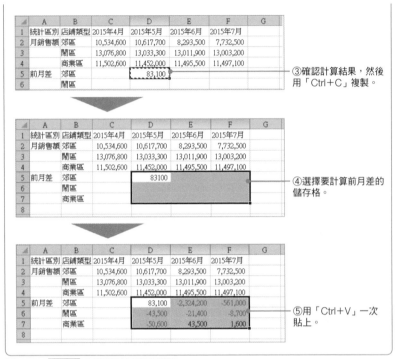

圖 5-69：**驗證 X** 計算與前月之間的差距

驗證 Y 哪個消費時段，銷售額降低了？

　　為了驗證假說 Y「因為在站前新開發了很多連鎖居酒屋，所以把鬧區聚會的需求搶走了嗎？」（請參照 P.124），接下來要製作這個表單（圖 5-70）。

　　驗證的重點是「午餐、聚會（晚餐）等消費時段，哪一個銷售額降低了？」。雖然剛剛是以店鋪類型做統計，但這次是以「午餐」、「晚餐」、「下午茶」的商品類型來做統計（圖 5-71）。除了指定條件的差異之外，基本上和驗證 X 時的流程是完全的。此外，先前所做的 SUMIF 式子，大半部分也可以再利用。

　　現在把整理表單的實際流程依「按照月份統計」（圖 5-72）、「複製統計結果，並貼在同 1 張工作表」（圖 5-73）、「計算與前月之間的差距」（圖 5-74）的順序來介紹吧！

▲	A	B	C	D	E	F
1	總計區別	商品類型	2015年4月	2015年5月	2015年6月	2015年7月
2	月份銷售額	午餐	7,223,800	7,173,600	7,233,200	7,228,800
3		晚餐	15,857,500	15,868,500	15,856,000	15,957,500
4		下午茶	12,032,700	12,060,900	9,711,700	9,046,500
5	前月差	午餐		-50,200	59,600	-4,400
6		晚餐		11,000	-12,500	101,500
7		下午茶		28,200	-2,349,200	-665,200
8						

圖 5-70：在第 3 章登場的驗證 Y 表單（完成樣貌）

STEP 3-2 驗證Y：商品類別的銷售額變化

決定
OUTPUT樣貌

數字的
統計作業

製作OUTPUT
（統計表）

・想看商品類型的全店鋪
統計銷售額變化。
・為了能夠明顯看到變
化，前月差也需要計
算。

・將月銷售額、店鋪類型銷售
額用SUMIF來統計（圖
5-72）
・複製計算式並再利用（用絕
對參照來固定檢索範圍、統
計範圍），（圖5-73）

・在統計表上用「貼上
值」來複製（圖5-73）
・用「減法」來計算前月
差（圖5-74）

圖 5-71： **驗證 Y** 「商品類別的銷售額變化」驗證用表單的製作流程

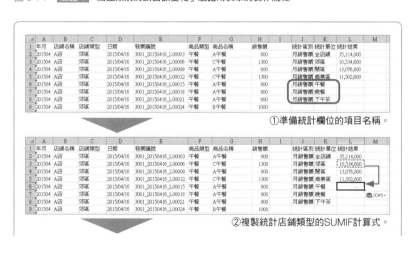

①準備統計欄位的項目名稱。

②複製統計店鋪類型的SUMIF計算式。

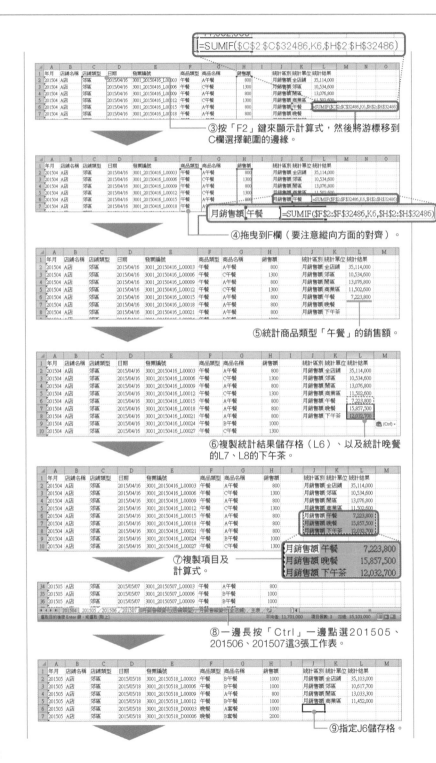

`=SUMIF($C$2:$C$32486,K6,$H$2:$H$32486)`

③按「F2」鍵來顯示計算式，然後將游標移到C欄選擇範圍的邊緣。

月銷售額　午餐　　`=SUMIF($F$2:$F$32486,K6,$H$2:$H$32486)`

④拖曳到F欄（要注意縱向方面的對齊）。

⑤統計商品類型「午餐」的銷售額。

⑥複製統計結果儲存格（L6）、以及統計晚餐的L7、L8的下午茶。

⑦複製項目及計算式。

月銷售額	午餐	7,223,800
月銷售額	晚餐	15,857,500
月銷售額	下午茶	12,032,700

⑧一邊長按「Ctrl」一邊點選201505、201506、201507這3張工作表。

⑨指定J6儲存格。

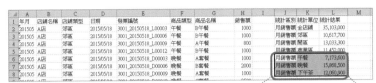

⑩用「Ctrl+V」貼上（一次貼在201505、201506、201507這3張工作表）。

圖 5-72：驗證 Y 統計每月銷售額

月銷售額	午餐	7,173,600
月銷售額	晚餐	15,868,500
月銷售額	下午茶	12,060,900

①點擊並追加統計用的工作表。

②雙擊工作表名稱，並改為「月銷售額變化」。

③製作統計表的項目名稱，時序數列要橫向排列。

④複製「201504」工作表的L6～L8儲存格（午餐、晚餐、下午茶）的月銷售額。

⑤選擇已追加工作表「月銷售額變化（商品類型）」的C2儲存格（2015年4月）並「貼上值」。

⑥5月～7月的部分也是同樣的複製貼上。

圖 5-73：驗證 Y 複製統計結果，統整成一張工作表

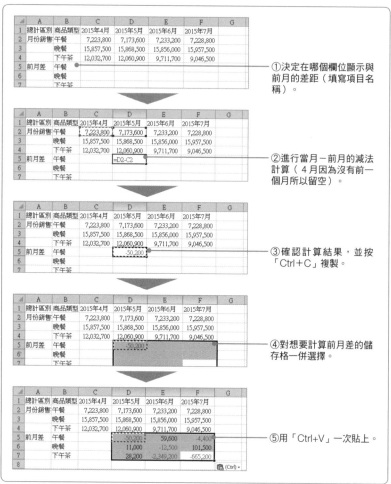

①決定在哪個欄位顯示與前月的差距（填寫項目名稱）。

②進行當月－前月的減法計算（4月因為沒有前一個月所以留空）。

③確認計算結果，並按「Ctrl＋C」複製。

④對想要計算前月差的儲存格一併選擇。

⑤用「Ctrl＋V」一次貼上。

圖 5-74：驗證 Y 計算與前月的差距

驗證 Z 客人數量、顧客消費單價，哪一個在減少？

　最後是為了驗證假說 Z「因為菜單改變了，所以客人的消費降低了嗎？」所使用的表單（圖 5-75）。

　驗證的重點是「客人數量、顧客消費單價，哪一個在減少？」（因為，銷售額＝客人消費單價×客人數量，所以如果銷售額減少的話，應該其中一種或者是兩種都在減少）。這次的資料之中，客人數量可以用銷售明細的筆數來代替，所以用 COUNT 就可以算得出來。此外，單價是用 AVERAGE 函數算出（圖 5-76）。

那麼現在就把統整表單的實際流程，依「總計月份的客人數・顧客消費單價」（圖 5-77），「複製總計結果而集合成為 1 部工作表」（圖 5-78），「計算較前月」（圖 5-79）的順序我介紹

◢	A	B	C	D	E	F
1			2015年4月	2015年5月	2015年6月	2015年7月
2	全店鋪	來店客人數（人）	32,485	32,454	29,117	28,132
3		顧客消費單價（元）	1,081	1,082	1,127	1,146
4	前月比	來店客人數（人）		-31	-3,337	-985
5		顧客消費單價(元)		1	45	19
6						

圖 5-75：在第 3 章登場的驗證 Z 表單（完成樣貌）

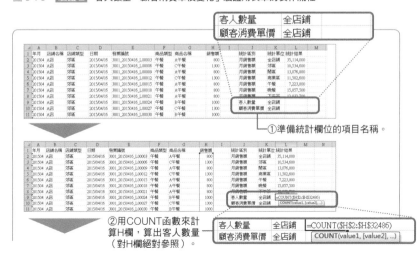

STEP 3-3　驗證Z：客人數量、顧客消費單價變化

決定 OUTPUT樣貌 → 數字的 統計作業 → 製作OUTPUT （統計表）

・想看客人數量以及顧客消費單價的月別變化。
・為了能夠明顯看到變化，前月差也需要計算。

・用COUNT來計算銷售明細的資料筆數、客人數量月別變化（圖5-76）
・用AVERAGE來處理銷售額明細的金額，算出顧客消費單價（圖5-76）

・在統計表上用「貼上值」來複製（圖5-77）
・用「減法」來計算前月差（圖5-78）

圖 5-76：驗證 Z 「客人數量、顧客消費單價變化」驗證用表單的製作流程

①準備統計欄位的項目名稱。

②用COUNT函數來計算H欄，算出客人數量（對H欄絕對參照）。

客人數量	全店鋪	=COUNT($H$2:$H$32486)
顧客消費單價	全店鋪	COUNT(value1, [value2], ...)

③確認計算結果。

| | 客人數量 | 全店鋪 | 32,485 |
| 顧客消費單價 | 全店鋪 | |

④將L10複製到L11裡
（因為是絕對參照，所以顯示相同結果）。

| 客人數量 | 全店鋪 | 32,485 |
| 顧客消費單價 | 全店鋪 | 32,485 |

⑤將COUNT改成「AVERAGE」，算出顧客消費單價。

| 顧客消費單價 | 全店鋪 | =AVERAGE($H$2:$H$32486) |
| | | AVERAGE(number1, [number2], ...) |

⑥確認計算結果。

| 顧客消費單價 | 全店鋪 | 1,081 |

⑦複製項目及計算式。

| 客人數量 | 全店鋪 | 32,485 |
| 顧客消費單價 | 全店鋪 | 1,081 |

⑧一邊長按「Ctrl」一邊點選201505、201506、201507這3張工作表。

⑨指定J9儲存格，並用「Ctrl+V」貼上（一次貼在201505、201506、201507這3張工作表）。

| 客人數量 | 全店鋪 | 32,454 |
| 顧客消費 | 全店鋪 | 1,082 |

圖 5-77： 驗證 Z 統計每月的客人數量、顧客消費單價

①點擊並追加統計用的工作表。

②雙擊工作表名稱，並改為「客人數量、顧客消費單價（全店鋪）」。

③製作統計表的項目名稱，時序數列要橫向排列。

④複製「201504」工作表的L9～L10儲存格（全店鋪的客人數量 及顧客消費單價）。

| 客人數量 | 全店鋪 | 32,485 |
| 顧客消費單價 | 全店鋪 | 1,081 |

⑤選擇已追加工作表「客人數量、顧客消費單價（全店鋪）」的C2儲存格（2015年4月）並「貼上值」。

⑥5月～7月的部分也是同樣的複製貼上。

圖 5-78： 驗證 Z 複製統計結果，統整成一張工作表

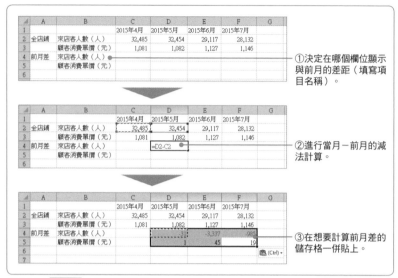

圖 5-79：[驗證 Z] 計算與前月的差距

現在把整理表單的實際流程依「統計每個月的客人數量、顧客消費單價」（圖 5-77）、「複製統計結果，並貼在同 1 張工作表」（圖 5-78）、「計算與前月之間的差距」（圖 5-79）的順序來介紹吧！

「STEP 4 用數字作更深的思考（再驗證）」的實際作業

接下來，製作 STEP 4 深研假說時所使用的表單（深究 a、b、c 的這 3 張）吧！在第 3 章的案例分析中，因前述的驗證假說 X、Y、Z 而構築了「是不是郊區店的客人，對於下午茶的需求減少了？」的假說。為了驗證這假說，以「店鋪類型」、「消費時段」這兩條軸，來統計「銷售額」及「客人數量」吧（請參照 P.125）！

●深究 a　店鋪類型來店客人數量及顧客消費單價的變化

首先，分析店鋪類型來店客人數量和顧客消費單價是怎麼變化的（圖 5-80）。

這張表單，是用驗證 Z 算出的客人數量和顧客消費單價，以店鋪類型分別統計出來的。於是，用 COUNTIF 算出店鋪類型別的客人數量，然後用驗證 X 中算出的店鋪類型別銷售額，去除這個客人數

◢	A	B	C	D	E	F
1	（實績）		2015年4月	2015年5月	2015年6月	2015年7月
2	來店客人數	郊區	12,088	12,094	8,770	7,903
3		鬧區	8,736	8,680	8,670	8,634
4		商業區	11,661	11,680	11,677	11,595
5	顧客消費單價	郊區	871	878	946	978
6		鬧區	1,497	1,502	1,501	1,506
7		商業區	986	980	984	992
8						
9	（前月差）		2015年4月	2015年5月	2015年6月	2015年7月
10	來店客人數	郊區		6	-3,324	-867
11		鬧區		-56	-10	-36
12		商業區		19	-3	-82
13	顧客消費單價	郊區		6	68	33
14		鬧區		5	-1	5
15		商業區		-6	4	7
16						

圖 5-80：在第 3 章（P.125）登場的深究 Z 表單（完成樣貌）

STEP 4-1 深究a：店鋪類型別客人數量、顧客消費單價

決定 OUTPUT樣貌 → 數字的 統計作業 → 製作OUTPUT （統計表）

・想看客人數量以及顧客消費單價在店鋪類型別的月別變化。
・為了能夠明顯看到變化，前月差也需要計算。

・用COUNTIF來計算店鋪類型別的銷售額明細之資料筆數，亦即客人數量（圖5-82）
・統計店鋪類型別的銷售額，用客人數量做「除法運算」，算出顧客消費單價（圖5-82）
・用絕對參照將計算式再利用（圖5-82）

・在統計表上用「貼上值」來複製（圖5-83）
・用「減法」來計算前月差（5-84）

圖 5-81：深究 a「店鋪類型別客人數量、顧客消費單價」驗證用表單的製作流程

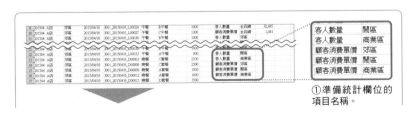

①準備統計欄位的項目名稱。

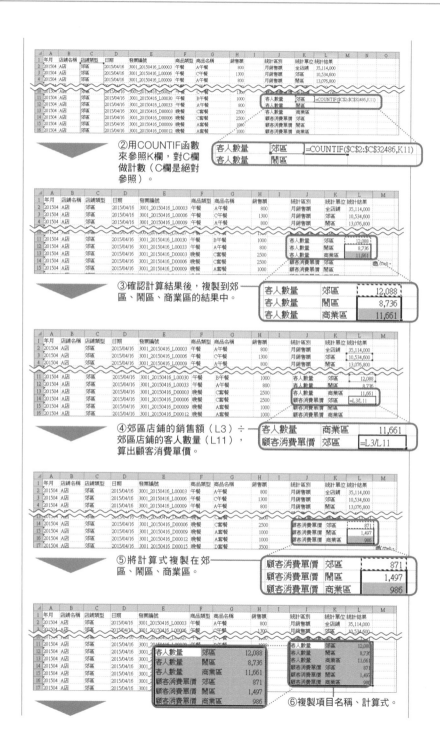

②用COUNTIF函數來參照K欄，對C欄做計數（C欄是絕對參照）。

| 客人數量 | 郊區 | =COUNTIF($C$2:$C$32486,K11) |

③確認計算結果後，複製到一區、鬧區、商業區的結果中。

客人數量	郊區	12,088
客人數量	鬧區	8,736
客人數量	商業區	11,661

④郊區店鋪的銷售額（L3）÷郊區店鋪的客人數量（L11），算出顧客消費單價。

| 客人數量 | 商業區 | 11,661 |
| 顧客消費單價 | 郊區 | =L3/L11 |

⑤將計算式複製在郊區、鬧區、商業區。

顧客消費單價	郊區	871
顧客消費單價	鬧區	1,497
顧客消費單價	商業區	986

客人數量	郊區	12,088
客人數量	鬧區	8,736
客人數量	商業區	11,661
顧客消費單價	郊區	871
顧客消費單價	鬧區	1,497
顧客消費單價	商業區	986

⑥複製項目名稱、計算式。

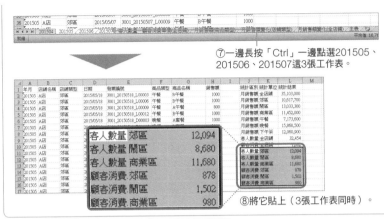

⑦一邊長按「Ctrl」一邊點選201505、
201506、201507這3張工作表。

⑧將它貼上（3張工作表同時）。

圖 5-82：**深究 a** 統計每月的客人數量、顧客消費單價

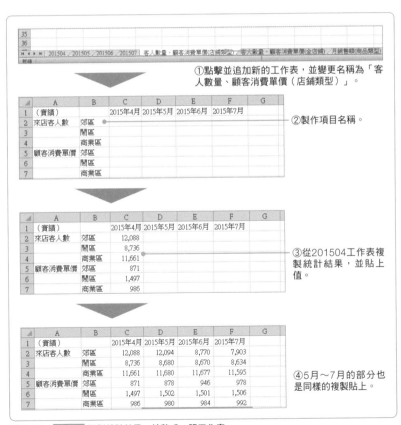

①點擊並追加新的工作表，並變更名稱為「客
人數量、顧客消費單價（店鋪類型）」。

②製作項目名稱。

③從201504工作表複
製統計結果，並貼上
值。

④5月～7月的部分也
是同樣的複製貼上。

圖 5-83：**深究 a** 複製統計結果，統整成一張工作表

第 5 章 自由自在使用數字的 Excel 操作術

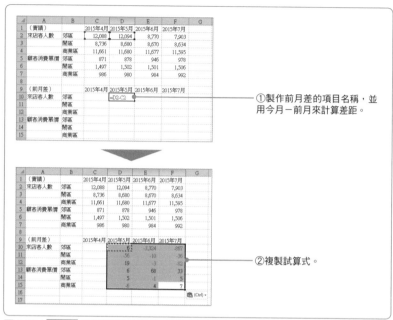

圖 5-84：**深究 a** 計算與前月的差距

量就能算出店鋪類型別的顧客消費平均單價（圖 5-81）。那麼，把整理表單的實際流程依「統計每月客人數量、顧客消費單價」（圖 5-82）、「複製統計結果，並貼在同 1 張工作表」（圖 5-83）、「計算與前月之間的差距」（圖 5-84）的順序來介紹吧！

●深究 b 各店鋪類型中，商品類型的銷售額變化

接下來要分別統計，每一個店鋪類型的銷售額變化（圖 5-85）。

因為要用「店鋪類型」、「商品類型」這兩個條件來檢索，所以使用 SUMIFS 函數（圖 5-86）。此外，這時也要事先增加取出指定條件時所用的欄位。選擇複數工作表時，所有被選擇的工作表都可以進行同樣的處理，這是先前在貼上時所運用的技巧，不過在欄位追加和設定項目名稱的時候，用這個方法也非常有效率。

那麼，把整理表單的實際流程依「統計每月銷售額」（圖 5-87）、「複製統計結果，並貼在同 1 張工作表」（圖 5-88）、「計算與前月之間的差距」（圖 5-89）的順序來介紹吧！

	A	B	C	D	E	F
1	（實績）		2015年4月	2015年5月	2015年6月	2015年7月
2	郊區	午餐	1,903,200	1,911,300	1,924,300	1,908,500
3	郊區	晚餐	2,368,000	2,402,000	2,409,000	2,454,500
4	郊區	下午茶	6,263,400	6,304,400	3,960,200	3,369,500
5	鬧區	午餐	1,433,800	1,385,900	1,422,000	1,445,900
6	鬧區	晚餐	9,458,000	9,490,500	9,430,500	9,425,000
7	鬧區	下午茶	2,185,000	2,156,900	2,159,400	2,132,300
8	商業區	午餐	3,886,800	3,876,400	3,886,900	3,874,400
9	商業區	晚餐	4,031,500	3,976,000	4,016,500	4,078,000
10	商業區	下午茶	3,584,300	3,599,600	3,592,100	3,544,700
11						
12	（前月差）		2015年4月	2015年5月	2015年6月	2015年7月
13	鬧區	午餐		8,100	13,000	-15,800
14	鬧區	晚餐		34,000	7,000	45,500
15	鬧區	下午茶		41,000	-2,344,200	-590,700
16	商業區	午餐		-47,900	36,100	23,900
17	商業區	晚餐		32,500	-60,000	-5,500
18	商業區	下午茶		-28,100	2,500	-27,100
19	郊區	午餐		-10,400	10,500	-12,500
20	郊區	晚餐		-55,500	40,500	61,500
21	郊區	下午茶		15,300	-7,500	-47,400

圖 5-85：在第 3 章（P.126）登場的深究 b 表單（完成樣貌）

STEP 4-2　深究b：各店鋪類型中，商品類型的銷售額變化

決定 OUTPUT樣貌　→　數字的 統計作業　→　製作OUTPUT（統計表）

・想要掌握各店鋪類型中，商品類型的銷售額變化。
・為了能夠明顯看到變化，前月差也需要計算。

・將銷售額以店鋪類型及商品類型為單位，用 SUMIFS作統計（圖5-87）
・用絕對參照將計算式再利用（圖5-87）

・在統計表上用「貼上值」來複製（圖5-88）
・用「減法」來計算前月差（圖5-89）

圖 5-86： 深究 b 「各店鋪類型中，商品類型的銷售額」驗證用表單的製作流程

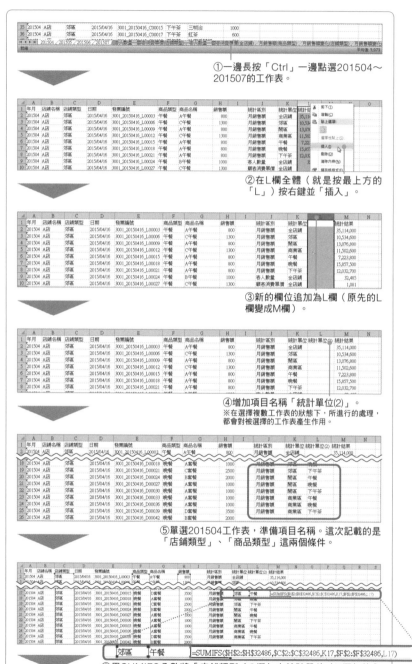

①一邊長按「Ctrl」一邊點選201504～
201507的工作表。

②在L欄全體（就是按最上方的
「L」）按右鍵並「插入」。

③新的欄位追加為L欄（原先的L
欄變成M欄）。

④增加項目名稱「統計單位(2)」。
※在選擇複數工作表的狀態下，所進行的處理，
都會對被選擇的工作表產生作用。

⑤單選201504工作表，準備項目名稱。這次記載的是
「店鋪類型」、「商品類型」這兩個條件。

| 郊區 | 午餐 | =SUMIFS($H$2:$H$32486,$C$2:$C$32486,K17,$F$2:$F$32486,L17) |

⑥用SUMIFS函數將「店鋪類型（C欄）中統計單位（K欄）的內
容」、「商品類型（F欄）中統計單位(2)（L欄）的內容」皆有的資
料，用「SUM」來計算銷售額（H欄）。此外，C/F/H為絕對參照。

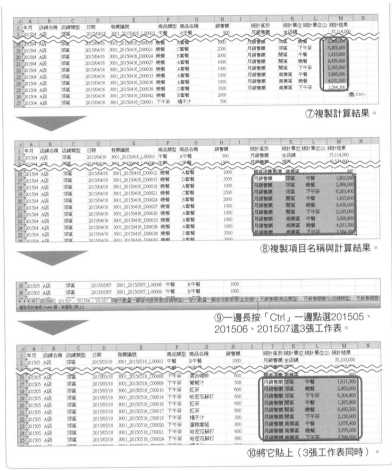

⑦複製計算結果。

⑧複製項目名稱與計算結果。

⑨一邊長按「Ctrl」一邊點選201505、201506、201507這3張工作表。

⑩將它貼上（3張工作表同時）。

圖 5-87： 深究 b 統計每月銷售額

①點擊並追加新的工作表，並變更名稱為「月銷售額變化（店鋪類型×商品類型）」。

②在201504工作表複製項目名稱及統計結果。

215

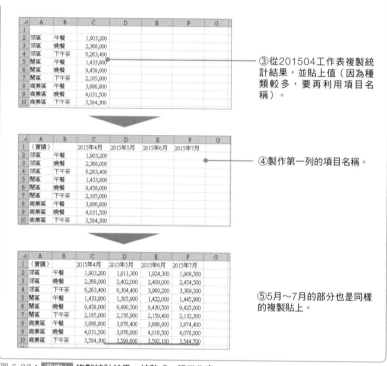

③從201504工作表複製統計結果,並貼上值(因為種類較多,要再利用項目名稱)。

④製作第一列的項目名稱。

⑤5月～7月的部分也是同樣的複製貼上。

圖 5-88: 深究 b 複製統計結果,統整成一張工作表

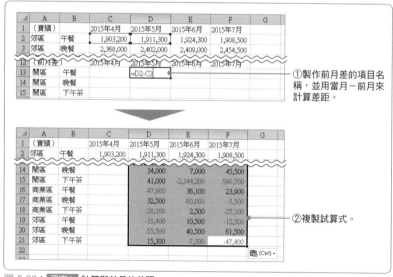

①製作前月差的項目名稱,並用當月－前月來計算差距。

②複製試算式。

圖 5-89: 深究 b 計算與前月的差距

●深究 c A 店和 E 店的比較

最後，關於銷售額大幅降低的郊區店鋪，要進行兩家店鋪（A 店和 E 店）的統計作業（圖 5-90）。

這裡是使用 SUMIF、COUNTIF 以及把計算結果做除法的方式算出銷售額、客人數量、顧客消費單價。因為在分析 X、Y、Z 的時候已經製作 SUMIF、COUNTIF 的函數，所以再利用那些，就可以有效率地進行作業（圖 5-91）。

此外，關於到目前為止出現過好幾次的「貼上值」，其實它有「Alt → E → S → V → Enter」這樣方便的快捷鍵，所以順勢介紹一下。那麼，接下來把整理表單的實際流程依「統計每個月的銷售額、客人數量、顧客消費單價」（圖 5-92）、「複製統計結果，並貼在同 1 張工作表」（圖 5-93）、「計算與前月之間的差距」（圖 5-94）的順序分別來看看吧！

	A	B	C	D	E	F
1	（實績）		2015年4月	2015年5月	2015年6月	2015年7月
2	銷售額	A店	5,333,600	5,300,800	4,565,500	4,316,500
3		E店	5,201,000	5,316,900	3,728,000	3,416,000
4	客人數量	A店	6,070	6,026	4,959	4,577
5		E店	6,018	6,068	3,811	3,326
6	顧客消費單價	A店	879	880	921	943
7		E店	864	876	978	1,027
8						
9	（前月差）		2015年4月	2015年5月	2015年6月	2015年7月
10	銷售額	A店		-32,800	-735,300	-249,000
11		E店		115,900	-1,588,900	-312,000
12	客人數量	A店		-44	-1,067	-382
13		E店		50	-2,257	-485
14	顧客消費單價	A店		1	41	22
15		E店		12	102	49
16						

圖 5-90：在第 3 章登場的深究 c 表單（完成樣貌）

第 5 章 自由自在使用數字的 Ｅｘｃｅｌ 操作術

STEP 4-3　深究c：A、E店的比較（銷售額、客人數量、顧客消費單價）

決定
OUTPUT樣貌

數字的
統計作業

製作OUTPUT
（統計表）

・想要掌握郊區的A店與E
店之銷售額、客人數
量、顧客消費單價的月
份別變化。
・為了能夠明顯看到變
化，前月差也需要計
算。

・A店與E店的銷售額用
SUMIF、客人數量用
COUNTIF來算出（圖5-92）
・用銷售額÷客人數量算
出顧客消費單價（圖
5-92）
・用絕對參照將計算式再
利用（圖5-92）

・在統計表上用「貼上
值」來複製（圖5-93）
・用「減法」來計算前月
差（圖5-93）

圖 5-91： 深究 C 「A 店與 E 店的比較」表單的製作流程

①製作項目名稱。

②複製統計店鋪類型的SUMIF計算式並再利用。

=SUMIF($C$2:$C$32486,K26,$H$2:$H$32486)

=SUMIF($B$2:$B$32486,K26,$H$2:$H$32486)

③按「F2」鍵來顯示計算式，然後將C欄拖曳到B欄。

④複製到E店的月銷售額。

| 月銷售額 | A店 | 5,333,600 |
| 月銷售額 | E店 | 5,201,000 |

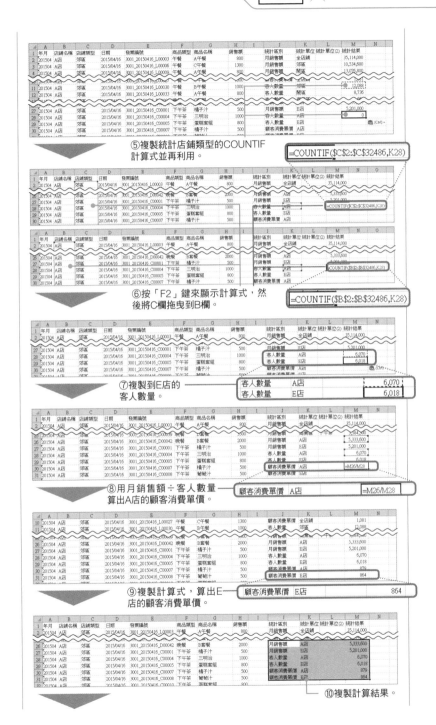

⑤複製統計店鋪類型的COUNTIF
計算式並再利用。

`=COUNTIF($C$2:$C$32486,K28)`

⑥按「F2」鍵來顯示計算式，然
後將C欄拖曳到B欄。

`=COUNTIF($B$2:$B$32486,K28)`

⑦複製到E店的
客人數量。

| 客人數量 | A店 | 6,070 |
| 客人數量 | E店 | 6,018 |

⑧用月銷售額÷客人數量
算出A店的顧客消費單價。

| 顧客消費單價 | A店 | =M26/M28 |

⑨複製計算式，算出E
店的顧客消費單價。

| 顧客消費單價 | E店 | 864 |

⑩複製計算結果。

219

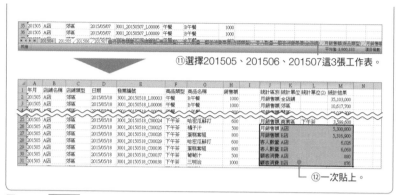

⑪選擇201505、201506、201507這3張工作表。

⑫一次貼上。

圖 5-92： 深究 C 統計每月銷售額、客人數量、顧客消費單價

①追加工作表並更改名稱。

②製作項目名稱。

③複製201504工作表的統計結果。

④指定想要貼上的目標。

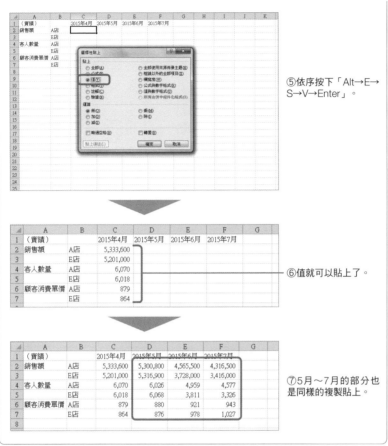

⑤依序按下「Alt→E→S→V→Enter」。

⑥值就可以貼上了。

⑦5月～7月的部分也是同樣的複製貼上。

圖 5-93： 深究.C 複製統計結果，統整成一張工作表

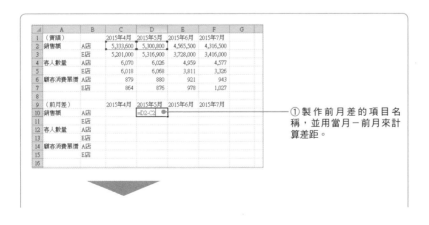

①製作前月差的項目名稱，並用當月－前月來計算差距。

221

	A	B	C	D	E	F	G
1	（資績）		2015年4月	2015年5月	2015年6月	2015年7月	
2	銷售額	A店	5,333,600	5,300,800	4,565,500	4,316,500	
3		E店	5,201,000	5,316,900	3,728,000	3,416,000	
4	客人數量	A店	6,070	6,026	4,959	4,577	
5		E店	6,018	6,068	3,811	3,326	
6	顧客消費單價	A店	879	880	921	943	
7		E店	864	876	978	1,027	
8							
9	（前月差）		2015年4月	2015年5月	2015年6月	2015年7月	
10	銷售額	A店		-32,800	-735,300	-249,000	
11		E店		115,900	-1,588,900	-312,000	
12	客人數量	A店		-44	-1,067	-382	
13		E店		50	-2,257	-485	
14	顧客消費單價	A店		1	41	22	
15		E店		12	102	49	
16							

②將計算式複製貼上。

圖 5-94： 深究 C 計算與前月的差距

學會最起碼的技術就已經足夠

到目前為止，本章前半段解說的是用初步的技巧來進行「製作數字」的流程。相信各位都已經了解，在實務上要製作「最低限度」的數字，即使只擁有最低限度的技術就十分足夠。

當然，還有很多更有效率的方法。例如，如果使用 P.140 中稍微提及的「樞鈕分析表」，那麼之前那些表單的統計作業都能「瞬間」完成。這也就是說，本書所介紹的技巧不過是基礎中的基礎。以英文會話為例，就是能夠在國外購物的時候，讓對方理解自己想要什麼東西的程度吧！但最重要的本來就是「可以買到自己想買的東西」（這就是所謂「最低限度」）。

各位已經學會用 Excel 製作數字的最低限度技術。如果「想知道更便利的操作方法」，那麼就看看世面上很多有關 Excel 的書，學會各式各樣的技術就行了。

不過，先前已經好幾次提到，最重要的不是「鍛鍊 Excel 的技術」，而是「懂得活用數字」。在製作數字的時候，別忘了問自己「製作這個數字，究竟是為了什麼目的？」。

最後衷心期盼大家能夠早日抹去「不擅長面對數字」的想法，成為對數字運用自如的商務人士。

讀者回函

讀 者 回 函

GIVE US A PIECE OF YOUR MIND

感謝您購買本公司出版的書，您的意見對我們非常重要！由於您寶貴的建議，我們才得以不斷地推陳出新，繼續出版更實用、精緻的圖書。因此，請填妥下列資料(也可直接貼上名片)，寄回本公司(免貼郵票)，您將不定期收到最新的圖書資料！

購買書號： **書名：**

姓　　名：

職　　業： □上班族　　□教師　　　□學生　　　□工程師　　□其它

學　　歷： □研究所　　□大學　　　□專科　　　□高中職　　□其它

年　　齡： □10~20　　□20~30　　□30~40　　□40~50　　□50~

單　　位： **部門科系：**

職　　稱： **聯絡電話：**

電子郵件：

通訊住址： □□□

您從何處購買此書：

□書局　　　　　□電腦店　　　　　□展覽　　　　　□其他

您覺得本書的品質：

內容方面：　　□很好　　　□好　　　□尚可　　　□差

排版方面：　　□很好　　　□好　　　□尚可　　　□差

印刷方面：　　□很好　　　□好　　　□尚可　　　□差

紙張方面：　　□很好　　　□好　　　□尚可　　　□差

您最喜歡本書的地方：

您最不喜歡本書的地方：

假如請您對本書評分，您會給(0~100分)：　　　　　分

您最希望我們出版那些電腦書籍：

請將您對本書的意見告訴我們：

您有寫作的點子嗎？□無　　□有　　專長領域：

歡迎您加入博碩文化的行列哦！

請沿虛線剪下寄回本公司

Give Us a Piece Of Your Mind

博碩文化網站　　http://www.drmaster.com.tw

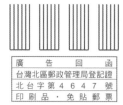

廣　告　回　函
台灣北區郵政管理局登記證
北 台 字 第 4 6 4 7 號
印 刷 品 · 免 貼 郵 票

221

博碩文化股份有限公司　產品部

台北縣汐止市新台五路一段 112 號 10 樓 A 棟